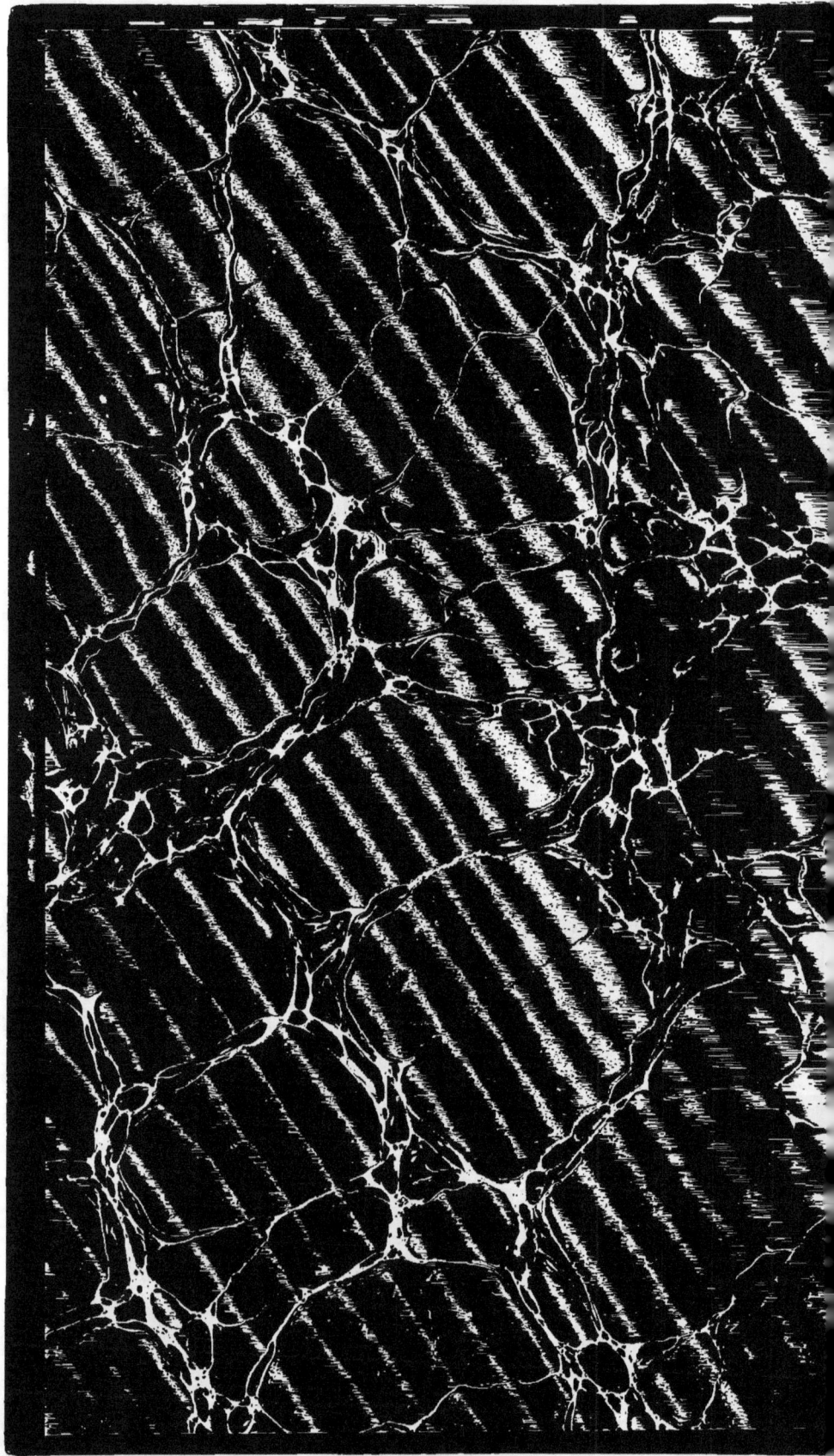

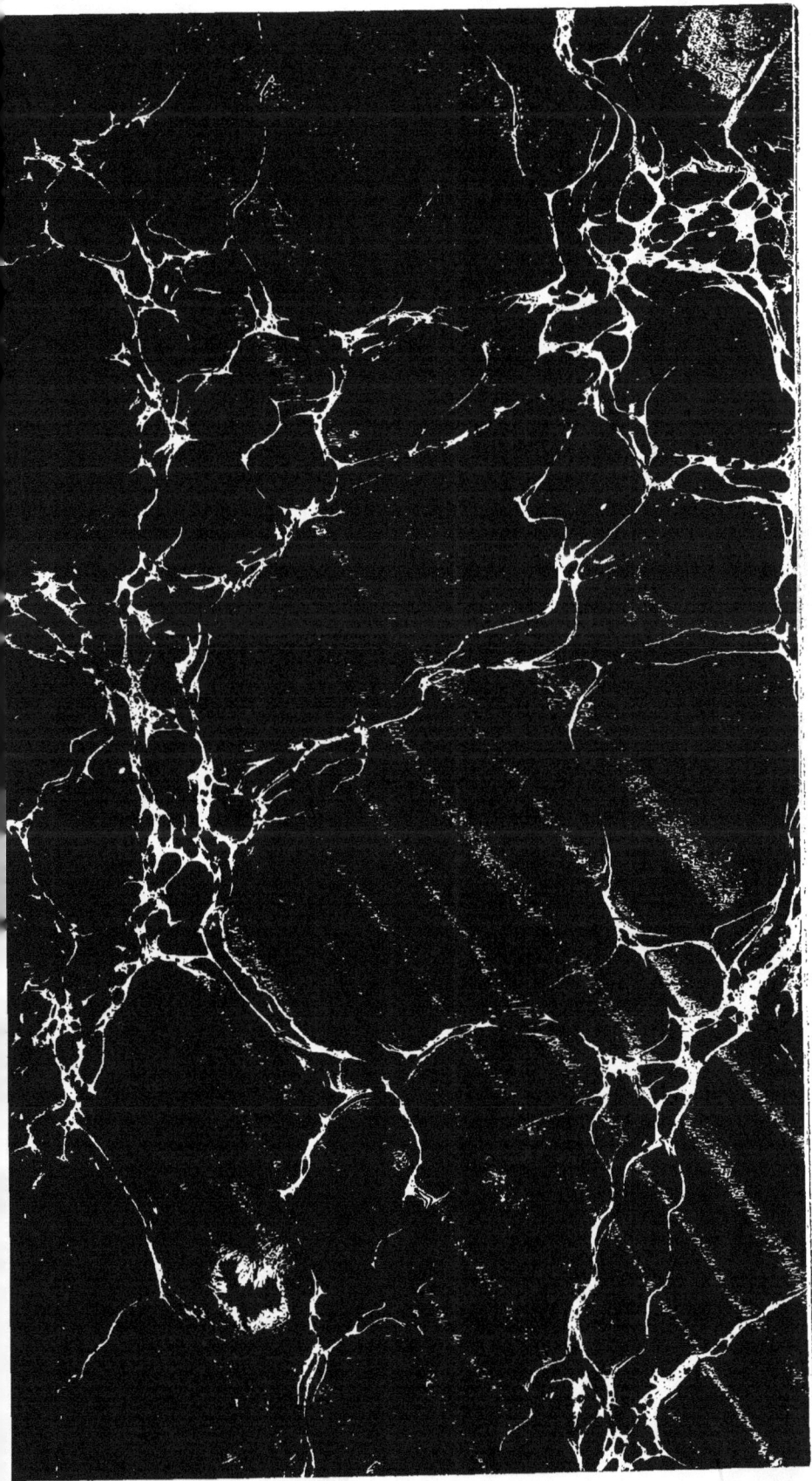

S

25|21

AMPÉLOGRAPHIE.

RAPPORT

DE M. CHEVREUL

SUR L'OUVRAGE INTITULÉ

AMPÉLOGRAPHIE,

OU

TRAITÉ DES CEPAGES LES PLUS ESTIMÉS

dans tous les vignobles de quelque renom;

par M. le comte ODART,

membre correspondant des sociétés royales d'agriculture de Paris et de Turin,
de celles de Bordeaux , de Dijon , de Metz , etc ; président honoraire des congrès viticoles tenus
à Angers en 1842 et à Bordeaux en 1843 :

SUIVI

DE CONSIDÉRATIONS GÉNÉRALES

SUR DES VARIATIONS DES INDIVIDUS QUI COMPOSENT LES GROUPES

APPELÉS, EN BOTANIQUE ET EN ZOOLOGIE,

VARIÉTÉS, RACES, SOUS-ESPÈCES ET ESPÈCES.

PARIS,

IMPRIMERIE DE Mme Vve BOUCHARD-HUZARD ,

7 , RUE DE L'ÉPERON.

1846

SOCIÉTÉ ROYALE ET CENTRALE D'AGRICULTURE.

RAPPORT

DE M. CHEVREUL

SUR L'OUVRAGE INTITULÉ

AMPÉLOGRAPHIE,

OU

Traité des cepages les plus estimés dans tous les vignobles de quelque renom ;

PAR M. LE COMTE ODART,

membre correspondant des sociétés royales d'agriculture de Paris et de Turin , de celles de Bordeaux , de Dijon, de Metz , etc.; président honoraire des congrès viticoles tenus à Angers en 1842 et à Bordeaux en 1843 :

SUIVI

DE CONSIDÉRATIONS GÉNÉRALES

SUR LES VARIATIONS DES INDIVIDUS
QUI COMPOSENT LES GROUPES APPELÉS , EN BOTANIQUE ET EN ZOOLOGIE ,

VARIÉTÉS, RACES, SOUS-ESPÈCES ET ESPÈCES.

PREMIÈRE PARTIE.

MESSIEURS ,

Vous nous avez chargé de vous rendre compte de l'*Ampélographie*, ou *traité des cepages les plus estimés dans tous les vignobles de quelque renom , par le comte Odart*. Nous avons accepté cette commission avec d'autant plus d'empressement qu'elle était conforme au désir exprimé par l'auteur, qui, dans une lettre aussi spirituelle que bien pensée, nous dit : « Quoique j'aie peut-être quelques torts envers les chimistes « dont j'ai combattu les opinions avec un peu de vivacité, « en ma qualité de défenseur de nos pratiques, je n'en suis « pas moins un juste appréciateur de leur mérite, etc. » Autant qu'il nous en souvienne, n'ayant jamais attaqué les pratiques défendues par l'auteur, nous pouvons, sans prétendre au rôle de critique généreux, dire notre pensée tout entière sur un livre qui renferme les nombreuses observations que la culture des variétés de Vignes réputées les meilleures lui a présentées. A l'appui de l'exactitude de nos souvenirs, nous demanderons à nos honorables collègues, pour le cas où ce rapport serait lu hors de cette enceinte, de vouloir bien témoigner de l'estime que nous avons constamment professée pour les praticiens, qui, après avoir assujetti leur culture à des procédés dirigés par un jugement droit, savent résumer les résultats de leurs travaux dans un langage exact, clair et précis. Depuis quatorze ans que nous avons l'honneur d'appartenir à la Société, nous avons pu, par l'instruction que nous avons puisée dans les débats auxquels ont pris part ceux de nos collègues qui siègent ici au titre de praticiens, apprécier tout leur mérite, comme aussi, par leur disposition à se pénétrer des principes des sciences physicochimiques, nous avons eu fréquemment l'occasion de nous convaincre du prix qu'ils attachent à toute science positive capable d'éclairer la pratique. Convaincu que ces paroles ne seront pas démenties par ceux qui les entendent, nous profiterons de l'occasion que nous offre l'examen du livre du comte Odart pour nous livrer à des considérations dont la liaison a la plus grande intimité avec la culture, envisagée au point de vue le plus général.

Parmi les plantes que l'homme a soustraites à la nature sauvage afin de les approprier à ses besoins, il en est peu d'aussi intéressantes à étudier que la Vigne, soit qu'on ait égard au nombre de ses variétés créées par la culture, ou qu'on veuille en apprécier l'importance pour les nations civilisées et pour la France en particulier, dont l'agriculture, l'industrie et le commerce ont trouvé en elle un élément principal de prospérité; il n'est donc point étonnant qu'elle ait fixé l'attention des anciens aussi bien que celle des modernes. Pline a fait mention d'un certain nombre de ses variétés, et, depuis le xiii* siècle, elle a été, en Italie, l'objet de plusieurs traités composés par Petrus Crescentius, Cupani, Gallesio, Milani; l'Allemagne lui a consacré de nombreux ouvrages, parmi lesquels il en est de fort étendus; l'Espagne peut offrir au critique le *Traité des Vignes de l'Andalousie*, par D. Simon Roxas Clemente, et la France compte, depuis Olivier de Serres jusqu'à nos jours, une suite de traités ou d'écrits plus ou moins remarquables sur la Vigne et ses variétés : nous citerons ceux de Garidel, de l'abbé Rozier, de Dussieux, de Chaptal, de Cavoleau, de Bosc, de Julien surtout; l'ouvrage intitulé, *Le Nouveau Duhamel ;* enfin deux traités publiés par le comte Odart, l'un sous le titre d'*Exposé des divers modes de culture de la Vigne et de vinification*, et l'autre sous celui d'*Ampélographie* ou *traité des cepages les plus estimés dans tous les vignobles de quelque renom.*

En examinant ce dernier ouvrage, nous avons eu l'intention de témoigner de l'estime que nous portons à un homme dont la vie a été, en grande partie, consacrée à l'étude spéciale des variétés d'une plante éminemment utile au pays, en même temps que nous avons voulu profiter de l'occasion de cet examen pour traiter la question de savoir s'il est vrai, comme plusieurs savants l'ont avancé, que les variétés des arbres fruitiers et généralement des plantes cultivées dégénèrent avec le temps : c'est donc sous ce double point de vue que nous allons envisager le dernier ouvrage du comte Odart.

Nous exposerons d'abord les matières qui le composent, afin de donner au lecteur une juste idée de leur mise en œuvre; puis nous prêterons à la question dont nous venons de parler l'attention qu'elle mérite et les développements qu'elle comporte comme un des sujets les plus importants de la culture des plantes utiles aussi bien que de la physiologie et de l'histoire naturelle.

Le *Traité des cepages* est précédé d'une introduction dans laquelle l'auteur aborde, sous forme de généralités, plusieurs questions dont les rapports avec l'objet du livre sont incontestables.

Après avoir passé en revue les principaux écrits relatifs à l'ampélographie, il insiste sur l'importance du choix des cepages à cultiver dans un lieu donné, pour peu qu'on veuille en obtenir des produits de la meilleure qualité possible. Il est tel pays dont les vins ont perdu leur antique renommée, parce qu'aux anciens cepages dont ils tiraient leur origine on en a substitué de nouveaux : par exemple, les vins de Saint-Pourçain, dans le département de l'Allier, fabriqués aujourd'hui avec les raisins du plant appelé *lyonnaise*, n'ont plus la réputation qu'ils devaient au cepage du *petit neyran*, que l'on a délaissé par l'effet de la préférence accordée à la *quantité* du produit sur sa qualité ; d'un autre côté, il est des propriétaires éclairés qui, suivant le principe contraire, ont retiré, de la culture de plants étrangers à leurs pays, des avantages qu'ils n'auraient jamais obtenus de leurs anciens cepages. On peut citer, comme un exemple de ce cas, l'excellent vin que le docteur Baumes prépare, depuis quelques années, dans le département du Gard, avec le *furmint* : ce plant, originaire de l'*Hegi-Allya*, en Hongrie, pays de 7 à 8 lieues carrées, où l'on fait le vin connu partout sous le nom de *tokay*, commence à être cultivé, dans le midi de la France, avec le plus grand succès. L'importance de la nature des variétés de cepages une fois établie, l'auteur est naturellement conduit à examiner les moyens les plus convenables de se les procurer lorsqu'on veut planter un vignoble, et c'est ici qu'il traite la question de la *variation des espèces*. Mais, afin de prévenir toute équivoque, hâtons-nous de dire que ce dernier mot est employé par l'auteur avec le sens que les gens du monde et les horticulteurs y attachent, c'est-à-dire qu'il désigne les variétés ou races de plants dont la fixité est assez grande, sinon pour se perpétuer indéfiniment, du moins pour se maintenir pendant un certain temps, en conservant les caractères propres à les faire distinguer les uns des autres. Mais quelle est cette durée? Les groupes d'individus qui représentent maintenant chacune d'elles doivent-ils disparaître prochainement, comme le prétendent plusieurs auteurs, et, conformément à leur opinion, y a-t-il nécessité, dès aujourd'hui, de recourir à la voie des semis, afin d'en obtenir des variétés nouvelles qui, fortes de jeunesse, remplaceraient nos variétés actuelles lorsque celles-ci, parvenues à l'âge de la décrépitude, auraient atteint le terme que la nature, suivant eux, a fixé à leur existence? Telle est la question sur laquelle nous avons pris l'engagement de revenir; mais, dès à présent, nous disons que le comte Odart croit à la perpétuité des variétés par la voie des crossettes ou des boutures, et qu'il n'y a conséquemment aucune nécessité pressante de recourir à la voie des semis pour s'assurer d'une suite de bonnes variétés de Vignes destinées à remplacer celles qui, dit-on, auraient fait leur temps. Nous verrons plus tard dans quelles limites nous circonscrivons l'opinion de l'utilité des semis pour qu'elle soit, à notre avis, exacte au double point de vue de la science et de l'application.

L'auteur examine ensuite si le nombre des cepages est infini, et se prononce pour la négative d'après de bonnes raisons; puis il donne les nombres des diverses espèces (ou variétés) indiquées par différents auteurs, depuis Caton jusqu'à nos jours. Ces nombres étant intéressants à connaître, nous allons les rapporter.

Caton comptait huit variétés de Raisins, Virgile quinze, Columelle cinquante-huit au moins, Pline quatre-vingt-trois; Pierre Crescentius, au xiiie siècle, en mentionne quarante en Italie; Cupani, à la fin du xviie siècle, en signala quarante-huit variétés cultivées en Sicile; Olivier de Serres en décrit quarante, et, fait remarquable, il les désigne par des noms qu'elles portent encore, pour la plupart ; Garidel, au commencement du xviiie siècle, parle de quarante-six variétés de cepages provençaux ; Chardin dit qu'aux environs de Táuris, en Perse, on cultive soixante variétés de Vignes ; Basile Hall en compte jusqu'à cinquante dans l'île de Madère ; un Hongrois en trouve quarante-six dans le comitat de Zemplin ; Simon Clemente en a décrit cent vingt variétés dans la seule province d'Andalousie ; Kerner a donné les figures coloriées de cent quarante-trois variétés ; Frege en a décrit deux cent soixante-cinq ; enfin Vongok et Metzger, chacun de son côté, en ont mentionné deux cents.

La question du refroidissement progressif de la terre arrête le comte Odart : s'il combat avec avantage les prédictions sinistres d'un professeur d'agriculture de Bordeaux, relatives à la disparition future de la Vigne du sol français par l'effet de ce refroidissement, il nous semble n'avoir pas interprété exactement les opinions d'un savant célèbre sur le même sujet. En lisant la notice scientifique de l'*Annuaire* pour 1834 du Bureau des longitudes, sur l'état thermométrique du globe terrestre, après le texte du comte Odart, il sera évident que la discussion de ce dernier se réduit réellement, en définitive, à ce qu'il n'admet pas la possibilité que les déboisements, les desséchements des marais et autres travaux de l'homme aient occasionné une diminution telle dans la chaleur des étés de la France et de l'Angleterre, qu'aujourd'hui le Raisin ne mûrit plus dans certains lieux de ces deux pays où il arrivait autrefois à sa maturité. D'un autre côté, en lisant la notice de l'*Annuaire*, on verra que l'opinion combattue par le comte Odart n'a point l'exagération qu'il paraît lui prêter ; car l'effet définitif attribué par l'auteur de cette notice aux travaux de l'homme sur le climat d'un pays boisé et humide est d'adoucir la rigueur des hivers, de modérer la chaleur des étés, en élevant cependant la température moyenne de ce pays. Il y a plus, la notice est terminée par la conclusion que, de 1776 à 1826, période d'un demi-siècle dans laquelle de nombreux travaux de déboisement ont été opérés en France, la température moyenne de Paris (11°,8) n'en a cependant éprouvé aucun changement appréciable.

Le comte Odart fait une revue critique des divers systèmes de classification des cepages qui ont été proposés et suivis par ses prédécesseurs; il en fait ressortir l'insuffisance et les inconvéniens avec l'assurance que lui donnent les lumières d'une pratique raisonnée de plus de trente ans; mais, en avouant son impuissance à en créer un meilleur, il renonce à toute classification scientifique proprement dite, et si, au congrès des vignerons tenu à Bordeaux, en 1843, deux botanistes réclament de son expérience un système *rationnel* de classification des cepages, il leur répond qu'il n'a point adopté de système, que son travail n'est pas fait pour les savants, mais pour les propriétaires de Vignes, les seuls juges compétents qu'il se reconnaît.

Certes, après une déclaration aussi formelle, un critique dont l'incompétence, aux yeux de l'auteur, doit être évidente, serait peu fondé à venir critiquer le *plan d'après lequel le comte Odart a distribué les cepages relativement aux régions où ils sont respectivement cultivés;* mais, si le critique est impuissant à ce point, il lui sera permis, en faveur de son envie de s'instruire et de la conviction qu'il a des services réels rendus à l'ampélographie par le comte Odart, créateur de la collection des cepages de la Dorée, d'émettre le vœu qu'un horticulteur habile et à la fois botaniste exercé, digne, par conséquent, d'apprécier la valeur de cette collection précieuse, l'étudie dans un but propre à la faire connaître aux savants, en recourant à une classification naturelle et à des descriptions brèves, mais suffisantes toutefois pour faire distinguer les diverses variétés de cepages auxquelles il importe de donner des noms particuliers. Sans doute l'horticulteur qui se livrerait à ce travail trouverait dans l'ampélographie française les renseignements les plus exacts, et, en étudiant les cepages réunis en groupe que le comte Odart appelle *famille*, il reconnaîtrait bientôt dans ces réunions plus d'esprit scientifique que l'auteur avoue n'en avoir mis ; car tous ceux qui savent sur quelle base une méthode naturelle doit être fondée, en lisant l'ouvrage apprécieront les motifs qui ont déterminé l'auteur à choisir les caractères au moyen desquels il a distingué les diverses variétés de cepages, l'esprit qui l'a guidé dans la formation de ses groupes dits *familles*. Il est évident qu'en réunissant ensemble, dans un même groupe, les cepages les plus analogues, il a été fidèle au principe de la méthode naturelle ; d'un autre côté, la justesse d'esprit avec laquelle il a apprécié les difficultés de son sujet, ses motifs pour ne pas subordonner les variétés d'un même groupe à un ordre d'après lequel elles auraient été distinguées en une variété type et en sous-variétés ou variétés de ce type, témoignent de la préférence que l'auteur accorde au positif sur ce qui est conjectural, et ne permettent pas de douter des services qu'il aura rendus à ses successeurs en déblayant la route qu'ils parcourront des obstacles qui ont embarrassé la sienne. Le comte Odart termine l'introduction de son *Ampélographie* par un exposé de ces obstacles et des difficultés de tout genre qu'il a eues à surmonter pour se procurer les nombreux cepages dont la réunion donne un si haut prix à la collection de la Dorée. Ceux qui, dans leur carrière, en ont rencontré de semblables, rendront les premiers grâces au zèle et à la persévérance de l'auteur, et, sans doute, ils l'excuseront des vivacités dont il s'accuse à propos de l'anecdote suivante :

« Une autre fois une expression inconsidérée, dit le comte Odart, et peut-être même inconvenante, qui m'était échappée dans mon empressement trop vif de recevoir des plants annoncés depuis trois mois, me fit perdre les bienveillantes dispositions de notre ambassadeur à T., et le ballot que son prédécesseur, M. B., avait eu la bonté de faire composer pour moi servit à chauffer la cuisine de M. de R., son successeur, plus sensible à une expression inconsidérée qu'à la satisfaction de concourir à une entreprise honorable. Peut-être me dira-t-on : Pourquoi vous échappe-t-il une expression inconvenante? Je répondrai : Que celui qui aura autant obtenu que moi, au moyen de sa plume, dans une position aussi modeste et aussi retirée me jette la pierre... »

Certes, personne ne sera tenté de la lui jeter, surtout après avoir lu ces paroles : « Quand on songe, dit Chaptal, aux difficultés à vaincre pour réunir tant d'individus dont chacun porte un nom différent dans chaque canton, aux soins à prodiguer sans cesse, tant pour leur culture que pour leur vraie désignation, au zèle, au talent d'observation et à l'activité qu'exige une telle surveillance, on est tenté de ne regarder un tel projet que comme un beau rêve. »

Mais, si le comte Odart a eu quelquefois à se plaindre de gens qui auraient dû s'empresser de l'aider dans sa noble entreprise, d'un autre côté il a reçu d'amples dédommagements de ses contrariétés : des hommes capables, par leurs occupations, d'apprécier ses services et ses lumières lui ont donné des témoignages publics de leur estime ; ainsi les membres des congrès viticoles tenus, à Angers, en 1842 et, à Bordeaux, en 1843, appréciateurs de son mérite et de son caractère franc et loyal, l'ont nommé leur président honoraire ; en outre, le ministre chargé de veiller aux intérêts de l'agriculture et du commerce, en chargeant le comte Odart d'une mission en Hongrie dont le but était de connaître tout ce qui concerne les Vignes qu'on y cultive et, plus tard, en l'aidant à publier l'*Ampélographie*, a montré le cas qu'il fait de ses travaux. Il faut souhaiter maintenant que, comme complément de sa haute protection, l'administration supérieure trouve le moyen de conserver à la France la collection de la Dorée, en lui donnant un caractère de stabilité que ne peut avoir aucun établissement particulier, quelle qu'en soit d'ailleurs l'utilité.

Donnons une idée du plan de l'ouvrage.

Le comte Odart, en prenant la France pour point de départ, répartit les cepages dans quatre régions principales,

qu'il qualifie d'occidentale, de centrale, d'orientale et de
méridionale. Il commence l'étude des cepages de chaque
région et de chaque pays par la description de celui ou de
ceux dont le produit caractérise plus particulièrement le
cru de cette région, de ce pays ; ainsi les cepages qui donnent les vins rouges de Bordeaux et de Bourgogne sont
examinés avant tout autre dans l'étendue des deux premières
régions, tandis que dans celle de la troisième, où l'on fabrique
plus de vins blancs que de vins rouges, il commence par les
cepages à fruits blancs.

Région occidentale.

Bornée au *nord* par les coteaux de la Loire-Inférieure, à
l'*est* par une ligne passant entre Langeais et Bourgueil, suivant le cours de la Vienne et se prolongeant au confluent du
Tarn et de la Garonne, au *midi* par les limites nord des départements des Landes et du Gers. Cette région comprend
l'Amérique.

Les cepages de la région occidentale sont compris dans
trois chapitres, ceux de la Gironde ou de Bordeaux, ceux
de la Charente et de la Sèvre ; puis les cepages de l'Amérique.

Le cepage de la Gironde, qui l'occupe d'abord, est le *carme-
net* ou *carbenet*, parce qu'il donne au vin rouge de Bordeaux
le caractère qui lui est propre : ce cepage, connu dans les
Graves sous le nom de *petite-vuidure*, l'est sous celui de *bre-
ton* dans les départements d'Indre-et-Loire et de la Vienne ;
dans Maine-et-Loire on l'appelle *véronnais*, et enfin *arrouya*
dans les Hautes et Basses-Pyrénées.

Nous citons comme exemple toute cette synonymie d'un
même cepage, afin qu'en constatant, une fois pour toutes,
que des noms très-différents sont donnés, dans une petite
étendue de territoire, à une même variété de cepage, le lec-

teur aperçoive l'utilité d'un ouvrage d'ampélographie propre à fixer la nomenclature des Vignes cultivées.

Parmi les cepages à vins blancs, on distingue le *blanc sémillon* et le *sauvignon* ou *surin*, remarquables en ce qu'ils donnent les vins de Barsac et de Sauternes.

A propos des vins de Bordeaux, le comte Odart exprime une opinion qui compte des partisans en France et à l'étranger, c'est que le temps n'est pas aussi avantageux pour augmenter la qualité de certains vins qu'on le croit généralement; ainsi les vins rouges de Bordeaux de quelques années (trois ans, par exemple) ont plus de qualité que les mêmes vins plus âgés. A la vérité, il est possible que les vins fabriqués aujourd'hui soient d'une conservation plus difficile qu'autrefois, où l'égrappage avait lieu d'une manière moins absolue. L'influence de la partie astringente contenue dans la rafle et les pepins du Raisin sur la conservation du vin nous paraît certaine, comme le croient le comte Odart et M. Fauré, auteur d'un travail étendu sur les vins de la Gironde.

Nous approuvons encore le conseil donné par le comte Odart aux propriétaires des vignobles de ce pays d'ajouter, au vin du *carbenet*, des vins de Cahors (provenant du plant dit *côt*), de l'Hermitage (provenant du plant dit *sirrah*) et de Beni-Carlo. Nous sommes tout à fait de son avis pour proscrire l'addition de l'eau-de-vie, du sucre, soit mélasse ou glucose.

C'est dans le bassin de la Charente que l'on cultive la *folle-blanche*, cepage connu sous le nom d'*enragea* dans la Gironde et la Dordogne. Le vin de la *folle-blanche* n'a rien de particulier, rien de distingué comme vin; mais, malgré cela, il donne la meilleure eau-de-vie connue, celle qui porte le nom de *cognac*, et, fait remarquable que la théorie n'explique point, il ne se conserve pas.

Trois cepages, le *suepernong*, le *katawba*, le *York's madeira*, sont seulement mentionnés au chapitre de l'Amérique.

Le comte Odart dit que, jusqu'ici, toutes les tentatives

faites pour obtenir du vin de la Vigne cultivée au Kentucky, dans l'État d'Indiana et dans le Mexique, ont été infructueuses ; il insiste particulièrement sur des essais continués pendant vingt ans, par M. Lakanal, sans résultat.

Région centrale.

Elle est bornée, au nord, par une ligne partant du Mans, passant par Paris et suivant les limites de nos vignobles du nord jusqu'à la limite orientale du département de l'Aube ; à l'ouest, par une ligne qui, partant d'un point intermédiaire entre Langeais et Bourgueil, passerait par Châtellerault, Poitiers, Périgueux, Agen, atteindrait et suivrait les limites orientales du département des Landes ; à l'est, par la ligne ouest de la région orientale ; au sud, par une ligne qui passerait par les limites méridionales du département de la Drôme, suivrait le cours de l'Ardèche, les limites méridionales des départements de la Haute-Loire, du Cantal et du Lot, qui y seraient compris, et aboutirait aux limites orientales du département des Landes.

La région centrale est donc entièrement française, et, avec le bassin de la Gironde, elle comprend les vins les plus renommés de notre pays, tels que ceux de la Champagne, de la Bourgogne, de l'Hermitage (Drôme), et d'autres vins qui, sans avoir la même réputation, sont cependant très-connus, comme ceux de Cahors et du Cher, les vins de Cahors pour donner de la couleur et du corps aux vins du Médoc et de Grave, et les vins du Cher pour être employés au même usage par les marchands de Paris. Un tel emploi ne laisse pas que de donner lieu à d'intéressantes réflexions quand on considère la distance qui sépare les bords du Lot des coteaux du Cher, et la nature identique du même cepage cultivé dans les premiers lieux sous le nom d'*auxerrois*, et dans les seconds sous celui de *côts* ou *cahors* ; car, malgré la différence du pays, le même cepage donne un produit à peu près identique ; enfin la région centrale est encore le pays des vins de Côte-Rôtie et de Condrieu.

Quatre groupes sont décrits particulièrement dans la région centrale : les *pinots*, les *gamays*, les *côts* et les *teinturiers*.

Les premiers justifient par leur importance le soin avec lequel l'auteur les examine et en énumère les variétés nombreuses, auxquelles il a joint la synonymie relative à chacune d'elles. S'ils produisent peu, en général, le Raisin qu'ils donnent presque tous est d'une qualité supérieure ; aussi les vins de Champagne et de Bourgogne lui doivent-ils leur réputation, et la dénomination de *plants nobles*, que portent les pinots en plusieurs pays, notamment en Touraine, témoigne-t-elle du cas qu'on en fait. Le cepage cultivé sur les coteaux de la Loire sous le nom de *pinot* n'appartient point à ce groupe ; il a donc un titre usurpé ; c'est pourquoi M. Aker mann, de Saumur, qui, depuis 1834, prépare un très-bon vin mousseux, a planté son vignoble (commune de Jouy, canton de Tours-sud) en *pinots* de Bourgogne et non en *pinots* du pays.

Les pinots présentent des Raisins de toutes les couleurs propres au fruit de la Vigne en général ; on en trouve à Raisins bleus, à Raisins blancs et à Raisins de couleurs intermédiaires, c'est-à-dire rougeâtres, violets et gris.

Nous avons dit que les pinots produisent peu, *en général,* et que le Raisin de *presque toutes* leurs variétés donne d'excellents vins. La restriction de notre proposition tient surtout à ce qu'il existe deux variétés de pinots connues sous les noms de *Raisins de la Madeleine et de meunier.* Le Raisin de la Madeleine n'est recommandable que par sa précocité, car on l'estime peu pour la table et le pressoir. Le *meunier*, qui doit son nom au duvet blanc de ses feuilles, donne un fruit abondant, mais dont le vin, surtout s'il est rouge, ne se recommande pas par une qualité supérieure. La culture des pinots n'est pas bornée à la région centrale, elle s'étend

2

encore à la région orientale et même à la région méridionale.

Le *pinot gris, malvoisie* des vignobles de la Touraine, *fromenteau* de la Champagne, cultivé dans nos départements du Rhin, dans le Jura, et même dans la haute Hongrie où il porte le nom de *barattzin-szollo*, se trouve aussi en Italie. La constance de ses propriétés caractéristiques, malgré les lieux où on le cultive, l'excellent vin de liqueur qu'il est susceptible de donner en rendent l'étude fort importante; enfin le vin du cap de Bonne-Espérance, si connu sous le nom de *pontac*, provient du pinot, dont le plant a été transporté de la Bourgogne dans le midi de l'Afrique.

Gamays. Les gamays diffèrent beaucoup des pinots, sous le rapport de l'abondance du produit et par l'infériorité de la qualité de leurs vins ; cependant on commettrait une erreur réelle si on jugeait tous les gamays aussi défavorablement que doit l'être le gamay le plus ancien, variété à laquelle le comte Odart donne la dénomination de *gros gamay*. Si les ducs de Bourgogne en proscrivirent la culture parce qu'ils la jugeaient propre à discréditer le vin de leur duché; si Philippe le Hardi alla même jusqu'à appliquer l'épithète d'*infâme* au gamay; enfin, si, après eux, les parlements de Dijon, de Metz et de Besançon ont pareillement condamné ce cepage dans différents édits, il existe des variétés du gamay qui doivent être cultivées et non proscrites, parce qu'elles donnent des vins d'ordinaire de première classe.

Tel est le petit *gamay*, cultivé pour des vins de cet ordre avec tant de succès au nord de Lyon, particulièrement dans le Beaujolais ; et, à ce sujet, le comte Odart relève l'erreur de Bosc, qui, confondant le gros gamay avec le petit, s'étonnait de ce qu'il donne un bon vin dans le Lyonnais au lieu d'un vin détestable qu'il produit en Bourgogne ; enfin il existe des variétés de gamay encore supérieures, par leur vin, au petit gamay : tels sont la *lyonnaise du Jonchay* ou *lyonnaise d'Anse*, et le *plant des trois ceps*. Le comte Odart attribue l'origine de ces variétés à des semis de pepins du petit gamay adventices ou bien faits par l'homme.

Côts. Les côts ne comprennent pas un grand nombre de variétés : on les cultive dans les départements du Lot, du Tarn, de Tarn-et-Garonne, du Cher, de Loir-et-Cher et d'Indre-et-Loire, et ils constituent le fond des vignobles de ces pays.

Teinturiers. Ce groupe présente quelques variétés qu'on cultive moins pour elles-mêmes que pour en employer le fruit à la coloration des vins ; de là la dénomination de *teinturiers*. On distingue

1° Le *gros noir*, ainsi nommé, dans un grand nombre de vignobles du centre, et connu, dans le haut Douro, sous le nom de *tinta-francisca*, et, en Andalousie, sous le nom de *tintilla* ;

2° Le *gros noir femelle* ;

3° Le *teinturier du Jura.*

Le comte Odart, à la suite des gamays, décrit plusieurs cepages remarquables qui sont cultivés, soit aux environs de Lyon, soit dans le département de l'Allier. Tels sont

1° La *serine noire* ou *corbelle*, célèbre par le vin de la Côte-Rôtie qu'elle donne ;

2° Le *viognay* ou *vionier*, cepage principal des vignobles de Condrieu ;

3° Les *sirrahs* (*petite et grande*), auxquelles on doit le vin rouge de l'Hermitage ;

4° La *roussane*, à laquelle on doit principalement le vin blanc du même vignoble ;

5° Le *neyran* ;

6° Le *Raisin de Grave* ;

7° Le *grand blanc.*

Le comte Odart pense qu'aux trois variétés principales de Raisins de dessert dont les cepages sont cultivés dans les régions occidentale et centrale, le *chasselas*, le *muscat* et le *corinthe blanc*, on pourrait en ajouter plusieurs autres.

Il ne considère pas le chasselas de Fontainebleau comme une variété distincte, mais comme devant ses qualités au sol où il est cultivé ; il cite, à l'appui de cette opinion, l'expérience qu'en a faite M. Vibert, dans son jardin d'Angers, où le plant de Fontainebleau n'a donné que des grappes à grains serrés et blanchâtres.

Région orientale et septentrionale.

Elle est bornée, à l'*ouest*, par les limites occidentales des départements des Ardennes, de la Meuse, de la Meurthe, du Haut-Rhin, du Doubs et du Jura, lesquels sont compris dans cette région ; au *midi*, par les Alpes, le Tyrol, la Save et le Danube, depuis son confluent avec la Save jusqu'à la mer Noire.

Les vins français compris dans la région orientale sont ceux de la Meuse, de la Meurthe, des Vosges, du Haut et du Bas-Rhin, du Doubs, du Jura, de l'Isère et des Hautes-Alpes.

Les vins des départements de l'ancienne Lorraine et de l'Alsace étaient meilleurs autrefois qu'ils ne le sont aujourd'hui, par la raison que, dans la plupart des vignobles, on a substitué à des cepages de qualité supérieure, tels que les pinots de Bourgogne, par exemple, des cepages de qualité inférieure, mais d'une fertilité plus grande, et qu'en Alsace on a eu le tort d'abolir l'institution des jurés experts, sans l'intervention desquels, autrefois, aucune pièce de vin ne pouvait être exportée en pays étranger.

Si les vins du Doubs ne méritent pas une mention, il en est autrement de ceux du Jura, dont l'ancienne réputation, loin d'avoir diminué, s'est plutôt accrue, par les soins que les propriétaires de vignobles ont donnés aux procédés de vinification, et grâce aussi à l'heureuse idée qu'ont eue certains d'entre eux, depuis vingt-cinq ans, de préparer des vins mousseux très-délicats avec un Raisin bleu.

Parmi les cepages à vin rouge d'une qualité supérieure, nous citerons le *poulsard* ou *belosard*, ou *Raisin perle*, et le *trousseau*, qui sont propres au Jura ; le *pinot de Bourgogne*, le *petit gamay*, dont nous avons parlé ailleurs ; enfin, parmi les cepages à vin blanc, on distingue le *savagnin vert*, dont le fruit donne les vins d'Arbois, de Château-Châlons et de l'Étoile, le *pinot blanc* et le *gamay blanc*.

Après les cepages français de la région orientale, l'auteur parle des cepages étrangers.

Les vins de Suisse de meilleure qualité proviennent du *pinot de Bourgogne* et du *petit gamay*, originaire des environs de Lyon, et dont la transplantation a été l'effet du hasard.

Les vins d'Allemagne proviennent de différents cepages, parmi lesquels il en est d'identiques ou analogues à ceux de notre pays, et d'autres qui en sont tout à fait distincts. Si le comte Odart met les vins mousseux d'Allemagne et même ceux de Hongrie fort au dessous des nôtres, il reconnaît la bonne qualité de certains vins rouges, de certains vins blancs secs et des vins de liqueur qu'on fabrique dans ce pays. Parmi ces derniers il cite le tokay et le menesch ; parmi les vins secs, le johannisberg, le rudesheim, le steinberg. Le comte Odart décrit un grand nombre de cepages cultivés dans ces contrées et dans celles qui s'étendent jusqu'aux limites de la région orientale.

Région méridionale.

Elle est comprise, à l'ouest et au midi, par les deux mers, et bornée, au nord, par une ligne qui, partant du bassin d'Arcachon, suivrait les limites nord du département de la Haute-Garonne, remonterait le cours du Tarn, laisserait au nord les montagnes du Vivarais, couperait le Rhône à son confluent avec la Drôme, l'Isère, qu'elle remonterait également, irait rejoindre le Pô à quelques lieues au-dessous de Turin jusqu'au golfe de Venise, puis la Save jusqu'à son confluent avec le Danube, dont elle suivrait le cours jusqu'à la mer Noire, et se terminerait aux frontières nord et est du royaume de Perse.

On cultive, dans la région méridionale, plus de variétés de cepages que dans les trois autres régions. Les meilleurs vins de liqueur connus proviennent de plusieurs de ces variétés, notamment des muscats; mais on peut en citer d'excellents qui sont préparés avec d'autres Raisins, tels que le *granache*, qu'il ne faut pas confondre avec le Raisin natif de Gênes, le *maccabeo de Salves*, le *pedro-ximenès*, etc.

Les vins des régions centrale et orientale ne sont point inférieurs en qualité aux vins de la région méridionale, au jugement du comte Odart : il ne doute pas que l'on ne parvînt à donner aux vins des premières régions toutes les qualités désirables, si l'on propageait dans ces pays quelques cepages méridionaux dont les fruits seraient susceptibles d'y atteindre leur maturité, et il croit même à la possibilité d'y faire des vins de liqueur aussi bons que ceux du Midi.

Il signale, parmi les cepages de la France méridionale, le *mourvedé*, qu'on préfère à tout autre dans le département du Var, et qui, suivant lui, est identique au *mataro*; le *brun-fourca*, le *bouteillan*, plus remarquable par l'abondance de ses fruits que par la qualité de son vin ; le *catalan*, le *manosquin*, qui, quoi qu'en aient dit Chaptal et Bosc, n'est pas identique avec le morillon de Bourgogne ; l'*aramon*, qui n'a d'autre mérite que de produire beaucoup de Raisin ; le *fer-servadou*, le groupe des *picpouilles*, le groupe des *mauzacs*, le *sant-antoni*, qui donne, au dire de quelques amateurs, un vin plus agréable que celui de Rota ; le *tanat*, cepage dominant dans le vignoble le plus renommé des Hautes-Pyrénées; le *carbenet*, cultivé dans ces contrées, comme nous l'avons dit déjà, sous le nom d'*arrouya*; le *caillaba*, le plus hâtif des muscats; le *quillard*, dont le nom fait allusion à la direction verticale et à la disposition de ses bourgeons en forme de quilles; il est recommandable par sa fécondité et sa qualité, puisque son Raisin entre pour beaucoup dans la composition du vin de Jurançon. Plusieurs de ces cepages sont originaires d'Espagne, et la proportion, relativement à ceux qui n'en sont pas, augmente d'autant plus qu'on s'approche davantage des Pyrénées : on voit dès lors la part d'influence qu'ils ont sur la qualité des vins des départements qui représentent l'ancienne province du Roussillon, et tout le monde sait que la spirituosité, la saveur et la propriété de se conserver longtemps sont les attributs qui distinguent ces vins de beaucoup d'autres.

Le comte Odart examine les meilleurs cepages d'Espagne, des îles Baléares, du Portugal, de l'île de Madère, de l'Italie et de ses îles. Parmi les cepages d'Italie, on remarque le *trebbiano*, qui est l'*ugni blanc* des Provençaux, le groupe des *nebbioli*, le groupe des *grecs* ou *barberousses*, le groupe des *malvoisies* ; puis il énumère, plutôt qu'il ne décrit en détail, les cepages les plus connus de la Grèce et de son archipel, de la Perse et du cap de Bonne-Espérance. Les cepages de ce dernier pays sont au nombre de six, le *pinot* de Bourgogne, qui donne le vin de Pontac ; le *frontaignan*, qui paraît bien originaire de Frontignan ; le *groen-druyf* et le *steen-druyf*, transplantés des bords du Rhin en Afrique ; le *lacryma-christi*, venu du Vésuve, et le *haenapop*, qu'on croit avoir été transporté de la Perse au cap de Bonne-Espérance.

Si le comte Odart a étudié les cepages au point de vue de la vinification, il n'a pas négligé d'examiner les variétés dont les Raisins sont particulièrement destinés à paraître sur la table, et, sous ce rapport, il blâme le peu de penchant qu'on a généralement en France, dans la région du Centre, du moins, pour se livrer à des essais de culture propres à augmenter le nombre des cepages dont les fruits auraient cette destination. Cependant le nombre des variétés de Raisins de table est bien restreint dans cette région, puisqu'on n'y compte guère, suivant la remarque faite précédemment, que le chasselas, le muscat et le corinthe blanc. On ferait bien, selon lui, de cultiver, dès à présent, le caillaba ou le muscat noir du Jura, le muscat blanc de Hongrie, le muscat natif de Frontignan, le corinthe rose, le jouannenc, le majorcain, plusieurs malvoisies de France, d'Italie et d'Espagne, etc., etc.

L'auteur présente, à la fin de l'ouvrage, un tableau d'un grand intérêt, où l'on trouve les différents cepages classés par ordre de maturation simultanée, conformément aux observations qu'il a faites dans sa collection de la Dorée. Il a réparti les cepages en cinq groupes correspondants à cinq époques ; tous ceux d'une même époque sont censés mûrir simultanément et dix jours avant ceux de l'époque suivante. Quoique ce tableau ne puisse présenter que des approximations et non des résultats absolus, comme l'auteur est le premier à le reconnaître avec sa franchise accoutumée, cependant l'utilité dont il est pour les personnes qui veulent faire une plantation ne peut être contestée, surtout si la situation du vignoble projeté a de l'analogie avec celle du lieu où les cepages ont été observés ; et le comte Odart a si bien apprécié cette influence des lieux sur la culture de la Vigne en général, et sur les cepages d'une collection en particulier, qu'il a exprimé le désir de voir établir, d'une manière permanente, des collections de cepages sur les divers points de la France. C'est conformément à cette manière de penser que, loin de considérer la sienne comme devant suffire à tous les besoins d'une étude approfondie de la Vigne, envisagée sous le rapport de la culture et de la vinification, il insiste, pour y satisfaire, sur la nécessité de former des collections de cepages dans divers pays, et se plaît, en conséquence, à reconnaître, pour le nord de la France, l'utilité de la collection du Luxembourg, recréée, pour ainsi dire, par les soins éclairés de M. le duc Decazes ; pour l'ouest, l'utilité de la collection de Carbonieux, près de Bordeaux ; et, pour le centre, il ne mentionne pas seulement sa collection de la Dorée, mais encore celle de Dijon (1).

---

(1) Cette dernière, comprenant six cent dix-neuf variétés cultivées avec autant de soin que d'intelligence, fut plantée, le 20 avril 1834, par M. Méline, sous la direction de M. Fleurot : tous les individus, lorsque

Nous nous sommes abstenu de parler des influences que les circonstances extérieures peuvent avoir sur les différents cepages, par la raison que l'étude de cette influence est du ressort de la question de savoir si les variétés des plantes cultivées dégénèrent, sur laquelle nous reviendrons d'une manière spéciale. Mais, avant de quitter la plume, nous sentons le besoin d'exprimer quelques réflexions relatives aux inconvénients de plusieurs pratiques concernant l'art de faire le vin : nous voulons parler de l'addition du glucose ou de la mélasse au moût de raisin, ou bien de l'addition de l'eau-de-vie à un moût fermenté qu'on trouve trop pauvre d'alcool. Si ces additions n'ont pas d'inconvénient grave lorsqu'il s'agit des vins d'ordinaire destinés à être consommés en France, et encore lorsque les Raisins qui les donnent n'ont pu parvenir à la maturité, il n'en est plus de même s'il s'agit de vins de prix recherchés par les étrangers à cause de qualités connues depuis longtemps pour leur appartenir essentiellement et les distinguer de tous autres.

Les propriétés caractéristiques qui ne permettent pas de confondre ensemble les différentes sortes de vins tiennent à la préparation et plus encore à la composition chimique du Raisin, laquelle est le résultat définitif de la nature du cepage, de sa culture, du sol et du climat du vignoble où ce cepage est cultivé. Si tous les vins renferment de l'eau, de l'alcool, de l'acide acétique, du bitartrate ou du biracémate de potasse; presque tous de l'acide carbonique et de l'éther œnanthique; plusieurs une matière astringente, du glucose, un sel de fer, et si, l'eau exceptée, tous ces principes agissent sur les organes du goût et de l'odorat; savoir la matière astringente et le glucose exclusivement sur le goût, et les autres principes à la fois sur le goût et l'odorat, et si, d'après cela, on conçoit que les vins pourront différer les uns d'avec

---

je la visitai, le 21 juillet 1846, avec M. Nau de Champlouis, préfet du département de la Côte-d'Or, étaient dans le meilleur état et de la plus belle venue.

les autres par la présence ou l'absence de certains de ces principes, ou par les proportions variables où les mêmes principes s'y trouveront respectivement, cependant l'observation nous apprend que nos connaissances actuelles sont insuffisantes pour expliquer tous les phénomènes que les divers vins présentent. L'insuffisance de la science porte à la fois sur l'impossibilité de dire maintenant la raison d'une pratique plutôt que d'une autre dans la préparation d'un certain vin, et sur l'ignorance où nous sommes encore de la nature de principes que l'analyse n'a point obtenus à l'état de pureté, soit du moût, soit de la liqueur fermentée qui en provient. La science est donc muette lorsqu'il s'agit de parler de l'influence précise que certains corps, et particulièrement des corps sapides et odorants, exercent pour nous faire distinguer les vins où ils se trouvent de ceux qui n'en contiennent pas ; et, cependant, les effets de ces corps sont connus de tout consommateur capable de juger de la délicatesse des vins. Puisque nous ignorons si ces principes préexistent dans le moût à l'état latent, comme les acides du beurre dans le lait, ou s'ils se développent, à la manière de l'alcool, aux dépens des éléments de quelques corps connus ou inconnus, la science actuelle est incapable de faire un vin d'une qualité donnée avec un moût quelconque auquel on ajouterait ou duquel on retrancherait certaines matières. Dans cet état de choses, qu'arrive-t-il lorsqu'on ajoute du sucre à du moût, ou de l'eau-de-vie au vin ? C'est, en définitive, dans les deux cas, augmenter la proportion de l'alcool ; et, comme celui-ci existe dans toutes les liqueurs vineuses, c'est tendre à confondre toutes les sortes de vins en une seule, en affaiblissant ainsi l'influence des corps qui donnent à chacune d'elles un caractère distinct.

En ayant égard à ces considérations, on doit facilement concevoir, maintenant, combien les pratiques dont nous parlons pourraient nuire un jour à l'exportation de nos meilleurs vins. Évidemment ceux-ci, en perdant leurs caractères distinctifs, cesseraient d'être recherchés en même temps qu'ils

deviendraient plus faciles à imiter par tous les peuples inté-
ressés à nous faire concurrence sur les marchés étrangers :
c'est ce que M. le comte Odart a parfaitement senti ; aussi
ne défendrons-nous pas certains savants qui, par leurs écrits,
ont contribué à répandre l'usage des pratiques que nous con-
damnons dans l'intérêt de notre commerce extérieur, des
reproches que leur adresse l'auteur de l'*Ampélographie*, et
la force nous manque-t-elle pour blâmer ce que ces reproches
peuvent avoir quelquefois de trop sévère dans l'expression.

DEUXIÈME PARTIE.

§ 1er.

INTRODUCTION.

Les détails dans lesquels nous sommes entré, en parlant
de l'*Ampélographie*, dans la première partie, suffisent sans
doute pour faire connaître la manière dont le comte Odart a
envisagé son sujet, et dès lors, en nous évitant le reproche
d'avoir exposé nos propres idées au lieu de rendre compte
d'un ouvrage soumis à notre examen, ils nous mettent à
l'aise pour discuter la question de la dégénérescence des
plantes cultivées, posée précédemment par nous dans l'intention de la traiter plus tard avec les détails qu'elle comporte. Au reste, ce n'est point cesser de s'occuper de l'*Ampélographie* que d'envisager cette question au point de vue
général ; car le comte Odart, en y donnant une attention
toute particulière, en a parfaitement apprécié l'importance,
et, en adoptant l'opinion la plus vraisemblable, à notre avis,

il s'est appuyé sur des observations choisies avec un grand discernement et susceptibles, conséquemment, d'éclairer la discussion générale d'un sujet auquel elles se rattachent comme faits particuliers.

Le comte Odart a employé le mot *espèce*, ainsi que nous l'avons déjà fait remarquer, avec le sens que la langue vulgaire et le vocabulaire des horticulteurs y attachent communément, pour désigner des groupes de corps vivants, qui sont appelés, par les naturalistes, *races* ou simplement *variétés*. S'il n'y a pas, lorsque la question de la dégénérescence des corps vivants est circonscrite à celle des plantes cultivées, d'inconvénient grave à se servir du mot *espèce* au lieu des mots *sous-espèce*, *race*, *variété*, pour désigner les diverses modifications individuelles de la vigne, du pommier, etc., qui se reproduisent ou se multiplient en conservant des caractères plus ou moins fixes, telles que le muscat, le chasselas, le calville, la reinette, etc., etc., il n'en est plus de même si l'on envisage la question au point de vue le plus général, où nous nous proposons de la traiter. C'est pourquoi nous allons consacrer cette partie du rapport à définir, d'une manière précise, les mots *espèce*, *sous-espèce*, *race* et *variété*, en ayant égard aux faits actuellement connus, sur lesquels on peut s'appuyer pour admettre ou rejeter le principe de la mutabilité des espèces; nous reviendrons, dans une troisième partie, à l'examen de la question spéciale de la dégénérescence des plantes cultivées, envisagée au point de vue particulier où s'est placé l'auteur de l'*Ampélographie*.

Si la science relative aux êtres organisés présente aux méditations du philosophe un sujet fondamental, par l'importance de toutes les conséquences qui en dépendent, c'est, sans contredit, la question de savoir si les espèces végétales et animales ont un caractère de permanence suffisant pour ne pas être modifiées dans leur essence, sans que les individus qui les représentent périssent infailliblement, ou bien, au contraire, si leur organisation est assez *flexible* pour se prêter, dans certaines circonstances, à des modifications telles que les individus qui les représentent pourront, par suite des changements qu'ils auront subis, constituer des espèces différentes de celles qu'ils représentaient avant ces modifications.

Ayant toujours pris pour guide la méthode expérimentale avec toute sa rigueur dans les conclusions auxquelles l'étude scientifique d'un sujet conduit, nous avons soigneusement distingué ces conclusions en *conséquences positives*, en *inductions* et en *conjectures* (1), et, en appliquant cette méthode à la question que nous venons de poser, nous n'avons jamais compris l'assurance avec laquelle certains écrivains l'ont tranchée, soit dans un sens, soit dans l'autre ; car, affirmer aujourd'hui qu'une solution complète de la question existe, c'est avancer que l'on a une opinion qui ne pourra être modifiée par aucun travail ultérieur. Or, nous le demandons, que devient le progrès dans les sciences d'expérience, avec cette manière de voir ? Que deviennent les recherches sur le croisement des animaux et les fécondations végétales, les recherches concernant les modifications susceptibles d'être produites par un genre d'alimentation longtemps suivi ou par des influences quelconques différentes de celles qui agissent dans la vie ordinaire ? Est-ce la peine de les entreprendre, si elles ne doivent pas jeter une vive lumière sur le sujet ? N'avons-nous plus rien à apprendre de l'organisation étudiée dans les animaux et les végétaux inférieurs, dans les formes que revêtent certaines matières, qui, débris d'êtres organisés, semblent, dans certaines circonstances, à l'instar de la levûre de bière en fermentation avec le sucre, animées d'une sorte de vie ! ! ! Évidemment, ceux qui, comme nous, ont la conviction de l'importance de pareilles recherches, penseront qu'en se lançant dans une carrière à peine ou-

---

(1) *Journal des savants*, décembre 1840, page 713, *et de l'Abstraction considérée comme élément des connaissances humaines dans la recherche de la vérité absolue*, ouvrage inédit.

verte, il s'agit moins aujourd'hui de travailler pour ajouter de nouvelles preuves à l'appui d'une opinion que l'on veut faire triompher, que de chercher à s'éclairer soi-même pour convertir la probabilité en certitude.

Avec notre manière de voir, y a-t-il possibilité, pourra-t-on demander, de donner de l'espèce une définition qui, précise eu égard aux faits dont nous sommes aujourd'hui en possession, aurait en même temps assez de latitude pour laisser à l'avenir la tâche de définir et de fixer ce qui est vague encore dans nos connaissances actuelles? Nous le pensons et nous allons essayer de le faire en développant la définition de l'espèce conformément à la manière dont nous l'avons envisagée, dans le *Journal des savants* (décembre 1840, p. 715, 716, 717), en rendant compte des recherches d'anatomie transcendantes et pathologiques de M. Serres.

§ 2.

DÉFINITIONS DE L'ESPÈCE, DE LA SOUS-ESPÈCE, DE LA RACE, DE LA SIMPLE VARIÉTÉ.

Dans une espèce nous considérons deux choses :

1° *L'ensemble des rapports mutuels des organes divers constituant un individu, et la comparaison de ces rapports dans les individus représentant l'espèce, afin d'établir la similitude de ces individus ;*

2° *L'ensemble des rapports de ces individus avec le monde extérieur où ils vivent, afin d'apprécier l'influence qu'ils en reçoivent.*

Le monde extérieur comprend la lumière, la chaleur, l'électricité, l'atmosphère, les eaux, le sol et les aliments avec toutes les modifications que chacun de ces agents ou chacune de ces matières est susceptible de présenter dans sa manière d'agir ou d'être.

Première chose.

En fait, rien de plus simple que la notion fondamentale de l'espèce dans les êtres organisés, pour l'homme instruit et même pour le vulgaire, dès que l'on considère l'espèce d'un être organisé comme comprenant *un nombre indéfini d'individus ayant plus de ressemblance entre eux qu'avec tous autres analogues*, et que l'on voit les individus doués de plus de ressemblance tirer leur origine de parents qui leur ressemblent, de manière que *l'espèce comprend tous les individus issus d'un même être ou de deux êtres, suivant que les sexes sont réunis ou séparés.*

Cette notion de l'espèce est parfaitement conforme à tout ce que nous pouvons observer lorsque, partant d'une dernière génération d'individus, nous remontons dans le passé aussi loin que possible à leurs ascendants ; c'est surtout en comparant nos animaux et nos végétaux actuels avec ceux dont nous retrouvons les restes ou les figures dans l'ancienne Egypte, que l'observation précédente acquiert une importance évidente.

D'un autre côté, si des individus appartenant à deux espèces distinctes peuvent donner naissance à un être vivant appelé *hybride*, celui-ci participera de ses ascendants ; il sera donc moins différent, relativement à eux, que les ascendants ne le sont l'un à l'égard de l'autre ; enfin, si des individus *hybrides* sortis de deux mêmes espèces sont susceptibles de se reproduire, ils donneront des individus qui présenteront le même résultat que les individus d'une espèce unique ; mais il faut reconnaître que les hybrides, particulièrement ceux qui proviennent des animaux, ont bien peu de disposition à se reproduire. Enfin, si on ajoute que les croisements ne sont possibles qu'entre des espèces très-voisines, on conviendra que la notion de l'espèce déduite des faits précédents peut s'énoncer très-clairement dans les termes suivants :

L'espèce comprend tous les individus issus d'un même père
et d'une même mère : ces individus leur ressemblent le plus
qu'il est possible relativement aux individus des autres espèces (1); ils sont donc caractérisés par la similitude d'un certain ensemble de rapports mutuels existant entre des organes
de même nom, et les différences qui sont hors de ces rapports
constituent des *variétés* en général.

Les *variétés* sont dites *simples* si les différences ne se perpétuent pas, ou, si elles se perpétuent par la génération, ce
n'est que dans un très-petit nombre de circonstances non
identiques; elles constituent des *races* si un ensemble de différences est prononcé et de nature à se perpétuer par la
génération d'une manière à peu près constante dans un certain nombre de circonstances non identiques ; elles constituent enfin des *sous-espèces* si les différences caractéristiques
très-prononcées se perpétuent d'une manière constante dans
toutes les circonstances où les individus qui composent l'espèce peuvent vivre.

Si la définition que nous donnons de l'espèce ne
peut, à la lettre, devenir l'objet d'une démonstration ri-
goureuse, *à cause de l'impossibilité où l'on est de prouver qu'il n'y a eu primitivement, pour chaque espèce des
corps vivants actuels, qu'un* SEUL *ou* DEUX INDIVIDUS, en
attribuant leur origine à l'époque où ils ont acquis la forme
que nous leur voyons, soit qu'ils aient éprouvé des modifications antérieurement à cette époque, soit qu'ils aient été créés
avec leur forme actuelle ; et si, sous ce rapport, la critique absolue peut reprendre quelque chose d'hypothétique à la définition, cependant nous l'avons adoptée sans hésitation , parce
qu'elle résume notre opinion avec autant de concision que de

(1) Dans cette ressemblance nous comprenons tous les caractères; car, en
ne considérant que les caractères visibles tirés de la taille, de la forme, de
la couleur, on pourrait trouver plus de ressemblance sous ces rapports
entre deux individus d'espèces différentes qu'entre les individus de deux
races d'une même espèce. Par exemple, le *mâtin*, variété du chien , a
plus de ressemblance avec le loup qu'il n'en a avec le chien *barbet*.

clarté sans donner lieu à aucune interprétation erronée; car évidemment le fond des choses reste le même, soit que chaque espèce ait reçu sa forme actuelle dans un seul individu ou dans un seul couple, soit qu'elle l'ait reçue dans plusieurs individus ou dans plusieurs couples d'individus.

Des deux choses que nous considérons dans l'espèce, la première est la seule qui ait été étudiée avec quelque suite par les nombreux naturalistes auxquels nous devons la description des espèces d'êtres organisés. Quoique, dans l'opinion commune, leurs travaux se rattachent au groupe des sciences qualifiées de *pure observation,* nous devons faire remarquer la part de l'expérience dans ces mêmes travaux, nonseulement parce que notre sujet l'exige, mais encore afin de justifier l'opinion avancée précédemment (*Journal des savants,* décembre 1840, p. 714) de l'existence réelle de deux classes seulement de sciences, les sciences de pur raisonnement et les sciences de raisonnement, d'observation et d'expérience. Lorsque les naturalistes ont atteint le but de leurs recherches, en donnant des descriptions parfaites des espèces, objets de leur examen, c'est que leurs travaux se sont trouvés assis sur une *base fournie par l'expérience.* En effet, l'exactitude des descriptions tient à cette cause, qu'elles concernent des espèces parfaitement circonscrites pour l'observateur, *par la raison qu'il avait la certitude de les étudier dans une suite d'individus identiques issus de générations successives ; or, s'il était étranger au fait de ces générations successives d'êtres identiques, ce fait n'avait pas moins de précision pour lui que s'il eût été le résultat de sa propre expérience, proposition que la moindre réflexion suffit à rendre évidente.* Toutes les fois, au contraire, que la base vraiment *expérimentale* dont nous parlons manque au naturaliste, parce qu'il est réduit à voir pour la première fois un ou deux individus d'une espèce étrangère à son pays, il se trouve exposé à l'erreur, en ce qu'il pourra prendre pour une espèce particulière, soit des variétés, soit des individus jeunes ou vieux appartenant à des espèces déjà connues, ou, s'ils appartiennent à des espèces qui ne le sont pas encore, il se trompera en énonçant comme caractères spécifiques essentiels des caractères exclusivement particuliers aux individus qu'il a sous les yeux.

Deuxième chose.

En partant de l'observation des différences qui distinguent entre eux les individus d'une même espèce ou les individus de sous-espèces des races diverses issus d'un même père et d'une même mère, on est conduit naturellement à l'étude de la seconde chose que nous avons comprise dans la notion de l'espèce, et là se rattache la question de savoir si des circonstances fort différentes de celles qui existent maintenant ont pu exercer autrefois une assez forte influence sur les corps organisés, sinon sur tous, du moins sur un certain nombre, pour que ceux-ci aient constitué alors des espèces tout à fait différentes de celles qu'ils représentent actuellement.

Au premier aperçu, en considérant combien sont profondes les modifications qu'ont dû subir des espèces qui, comme celle du chien, ont donné des races aussi différentes entre elles que le sont les races des lévriers, des dogues et des épagneuls, on est bien tenté, il faut l'avouer, de répondre affirmativement à la question précédente et d'ajouter que cette réponse, conduisant à n'admettre qu'une seule création d'êtres organisés, satisfait, par sa simplicité, bien plus de personnes que l'opinion contraire, d'après laquelle on reconnaît, avec M. Cuvier, des créations successives d'êtres organisés correspondant à certaines révolutions du globe. Mais nous faisons remarquer que ces créations successives ne sont point une conséquence nécessaire de l'immutabilité des espèces, car M. de Blainville, en professant cette opinion dans toute sa rigueur, n'admet qu'une seule création d'êtres organisés.

Quelques horticulteurs et agriculteurs ont avancé que les bonnes variétés d'arbres fruitiers propagées par la *division de l'individu,* en recourant aux marcottes, boutures ou greffes, dégénèrent après avoir vécu un certain temps, et qu'il en est de même des végétaux propagés par éclat ou par caïeu, et, à l'appui de leur opinion, ils allèguent la disparition ou la mort d'un grand nombre de variétés de vignes, de pommiers, de poiriers, etc., qui ont été mentionnées ou décrites par Pline, Olivier de Serres, la Quintinie, etc. Cette manière de voir, qui, comme nous l'avons dit déjà, ne nous paraît pas fondée, du moins aussi absolument qu'elle a été exposée par plusieurs auteurs contemporains, et notamment par M. Puvis, pourrait être vraie cependant, ce nous semble, sans qu'il en résultât nécessairement la mutabilité des espèces. C'est, au reste, le point sur lequel nous reviendrons dans la troisième partie de ce rapport, qui sera, nous l'espérons, le complément des considérations précédentes et la justification de la marche que nous avons cru devoir adopter pour traiter un sujet dont l'importance est égale aux difficultés de son examen.

Quoi qu'il en soit de l'importance de la seconde chose que nous avons distinguée dans l'espèce, il n'en est pas moins vrai qu'elle occupe bien peu de place dans le domaine de la science positive, car à peine possède-t-on quelques faits d'expérience ou de la simple observation propres à montrer l'influence précise du monde extérieur sur la constitution organique de quelques individus appartenant à un nombre très-restreint d'espèces. Et comment en serait-il autrement, lorsqu'on pense aux difficultés à vaincre et à la lenteur avec laquelle les êtres organisés peuvent être modifiés dans une suite de générations dont la durée excède beaucoup celle de la vie d'un observateur! Le petit nombre des savants qui se sont occupés de ce genre de recherches appartiennent surtout à la classe des naturalistes-physiologistes, plus disposés, par la nature habituelle de leurs travaux, à se livrer à la fois à l'observation et à l'expérience que ne le sont les naturalistes proprement dits.

CONCLUSIONS RELATIVES A LA DÉFINITION DE L'ESPÈCE.

1° Dans l'état actuel de nos connaissances, les faits concernant la première chose de la notion de l'espèce, dont la plupart résultent de l'observation quotidienne sur la multiplication des animaux et des plantes, sont en faveur de l'opinion de l'immutabilité des espèces ; car, quelle que soit l'étendue de la variation que nous observons entre les individus d'une espèce, on n'a jamais vu qu'un de ces individus soit venu se classer dans une espèce différente de celle de ses parents, ou ait constitué une nouvelle espèce. Comme nous l'avons dit, *l'observation et l'expérience vulgaire de tous les jours démontrent donc, dans les* CIRCONSTANCES ACTUELLES OU NOUS VIVONS, *la permanence des types qui constituent les espèces des corps vivants.*

2° Mais cette conclusion suffit-elle pour affirmer que, dans des circonstances différentes, il serait impossible que les espèces actuelles fussent assez profondément modifiées pour présenter des êtres qui, étudiés comparativement avec ceux qui existent aujourd'hui, en différeraient au point de constituer des espèces différentes ; c'est ce que nous ne pensons pas. Mais, tout en admettant que, dans l'état actuel de nos connaissances, on ne peut affirmer *qu'il est absurde de penser qu'une espèce ne puisse subir des modifications capables d'en faire une nouvelle espèce*, d'un autre côté admettre en principe la *mutabilité des espèces* serait déroger aux règles de la méthode expérimentale, puisque tous les faits précis de la science actuelle ne sont point conformes à cette opinion. En résumé, si l'opinion *de la mutabilité des espèces dans des circonstances différentes de celles où nous vivons n'est point absurde à nos yeux*, l'admettre en *fait* pour en tirer des conséquences, c'est s'éloigner de la méthode expérimentale, qui ne permettra jamais d'ériger en principe la simple conjecture.

3° De ce que nous admettons la possibilité de la mutabilité des espèces dans certaines limites par l'effet de circonstances dépendant du monde extérieur, nous n'en concluons ni la non-existence des espèces, ni l'inutilité des études qui ont pour objet de les définir ; car nous acceptons les définitions des espèces exactement circonscrites comme les naturalistes qui croient à leur immutabilité absolue peuvent les donner, lorsqu'ils ont été à portée d'observer avec certitude la conservation des caractères essentiels à chacune d'elles dans une série de générations ; mais, à notre sens, *ces définitions ne sont vraies, ne sont exactes que pour les circonstances où ces espèces-là vivent habituellement.*

Après l'exposé des conclusions précédentes, nous dirons comment nous concevons qu'il puisse y avoir erreur ou inexactitude dans la définition d'espèces qui font partie aujourd'hui des *species* des botanistes et des zoologistes, en prenant pour date de leur origine l'époque où elles ont reçu la forme que nous leur voyons maintenant, soit que réellement elles ne remontent pas au delà, comme l'admettent ceux qui croient à leur immutabilité, soit qu'elles remontent à un temps plus reculé, comme l'admettent les partisans de leur mutabilité. Nous reconnaissons, d'après cela, qu'une espèce est bien définie, en principe, lorsque les individus qui la représentent actuellement ressemblent à ce qu'étaient leurs ascendants les plus anciens.

Erreurs.

Les erreurs de définition des espèces de nos *species* peuvent avoir été occasionnées soit par la légèreté ou un défaut de science de l'auteur, soit par les circonstances mêmes où il s'est trouvé qui ne lui ont pas permis, lorsqu'il observait, d'avoir l'ensemble des renseignements nécessaires à la circonscription exacte de l'espèce qu'il décrivait. Évidemment toutes les erreurs dont nous parlons auraient pu être évitées, et on aperçoit une époque prochaine où elles seront effacées de nos livres ; car, grâce au grand nombre des naturalistes, grâce aux nombreux voyages entrepris dans l'intention de faire avancer les sciences naturelles, les erreurs commises par légèreté ou par ignorance sont bientôt reconnues, et des espèces établies d'après un trop petit nombre d'individus pour les représenter exactement ou complétement, comme cela a lieu pour des espèces exotiques surtout, seront tôt ou tard convenablement définies.

Inexactitudes.

Nous mettons une grande différence entre les *espèces mal définies*, à cause de ce que nous appelons des *erreurs*, et les espèces *qui peuvent être inexactement définies*, relativement à la vérité absolue, qu'il ne nous est pas donné de connaître, du moins dans l'état actuel de nos connaissances et conformément à la distinction que nous avons établie des *deux choses comprises dans la notion de l'espèce* ; effectivement, les inexactitudes dont il nous reste à parler comme *possibles* sont bien distinctes des erreurs, car les inexactitudes fussent-elles réelles, faute de pouvoir en donner la preuve aujourd'hui, on ne serait pas fondé en droit de raisonner comme si elles étaient incontestables.

L'inexactitude de définition d'une espèce que les naturalistes n'ont pas de motif de considérer comme mal établie peut concerner deux choses contraires : *la définition donne à l'espèce trop de généralité,* ou bien *elle la restreint dans une circonscription trop étroite.*

PREMIER CAS. — *Inexactitude par excès de généralité de l'espèce.*

La définition d'une espèce serait inexacte par trop de généralité, si on y comprenait comme *races* de véritables espèces, ou, en d'autres termes, si les individus de ces soi-disant *races* n'étaient pas tous indistinctement issus d'un même père et d'une même mère : par exemple, les naturalistes qui font de l'homme *un genre* composé de plusieurs espèces taxent de cette sorte d'inexactitude la définition par laquelle d'autres naturalistes font de l'homme *une espèce* comprenant des races qui, suivant eux, proviennent d'un père et d'une mère uniques.

DEUXIÈME CAS. — *Inexactitude par défaut de généralité de l'espèce.*

Quoi qu'il en soit des deux opinions précédentes, relativement à l'existence du *genre humain* ou de *l'espèce humaine*, l'inexactitude par défaut de généralité, à l'égard des espèces végétales et animales, l'homme excepté, nous paraît devoir être plus fréquente que l'inexactitude par excès de généralité ; à notre sens, le nombre des espèces dont nous parlons, qui sont actuellement décrites dans les *species* des botanistes et des zoologistes, sera réduit plutôt qu'il ne s'accroîtra, parce qu'on viendrait à prouver que les races, qu'on rapporte maintenant à une espèce unique, constitueraient, en réalité, autant d'espèces distinctes : il nous semble donc possible que des espèces qui sont considérées maintenant comme parfaitement établies aient une origine commune ; de sorte que, si l'on pouvait remonter à leurs ascendants les plus anciens, on leur trouverait le même père et la même mère.

Mais, si un tel résultat venait quelque jour à être démontré, faudrait-il en conclure qu'il n'y a pas d'espèces et qu'il est inutile d'étudier les êtres organisés pour les ramener à des types parfaitement définis? Non certainement, et, pour dire notre pensée, nous pousserons les choses à la dernière extrémité, en supposant que ce qu'on appelle aujourd'hui des espèces ne sont que des sous-races, parce que la

véritable espèce réside dans la famille. Eh bien, quelle
serait la conséquence de cette supposition? C'est que les caractères de l'espèce seraient plus généraux qu'ils ne le sont
aujourd'hui; c'est que probablement on saurait alors que
des individus de cette espèce, vivant dans telles circonstances,
auraient éprouvé les modifications en vertu desquelles il serait fait autant de sous-espèces et de races diverses qu'il y a
de genres et de sous-genres dans la famille actuelle, et enfin
que nos espèces, en se reproduisant constamment les mêmes,
feraient autant de sous-races. D'après cette manière de voir,
nous concluons donc que, quoi qu'on en ait dit, les progrès
des sciences de l'organisation exigent impérieusement tous
les travaux qu'on a entrepris et que l'on continue dans la
vue de définir les espèces de plantes et d'animaux, et que les
maîtres, loin de frapper de découragement ceux que de pareilles recherches occupent, ne peuvent trop exciter leur zèle
à les continuer, tout en insistant pour qu'ils recueillent les
faits concernant les modifications, les variations des caractères dans les individus objets de leurs études, afin de préparer à l'anatomiste, au physiologiste et au philosophe de
précieux matériaux, propres à éclairer la recherche des
causes qui modifient les être organisés. Ces matériaux seront
toujours les bases de la science, lors même que des travaux
ultérieurs prouveraient que les espèces seraient représentées
par nos familles actuelles, les sous-espèces et les races par les
genres et les sous-genres de ces familles, et les sous-races par
les espèces de ces genres et de ces sous-genres. Évidemment,
la notion de l'espèce n'en existerait pas moins, n'en serait
pas moins aussi nettement définie qu'elle l'est maintenant;
seulement le nombre des espèces se trouverait très-restreint,
et les variations auxquelles l'essence de chacune d'elles serait
sujette s'étendraient au delà des limites dans lesquelles nous
la resserrons aujourd'hui.

TROISIÈME PARTIE.

§ 1er.

INTRODUCTION.

Après avoir défini l'espèce comme nous pensons qu'elle doit l'être dans l'état actuel des sciences naturelles, en ayant égard aux termes corrélatifs nécessaires à l'existence des individus qu'elle comprend, savoir, l'organisation de ces individus et le monde extérieur où ils sont appelés à vivre, nous allons traiter les questions relatives à la dégénérescence et à la persistance des variétés de nos plantes cultivées ; mais, auparavant, il est indispensable de rappeler les procédés généraux employés à la propagation des espèces végétales considérées, dans les individus qui les représentent, soit comme simples variétés, soit comme races, ou encore comme sous-espèces.

PROPAGATION DES ESPÈCES VÉGÉTALES.

L'homme emploie deux moyens généraux pour propager les espèces végétales :

A, le mode de la simple division d'un individu représentant une espèce, une sous-espèce, une race ou une simple variété ;

B, le moyen du semis des graines issues d'un individu.

A PROPAGATION AU MOYEN DE LA SIMPLE DIVISION D'UN INDIVIDU.

Elle s'opère par le développement d'une partie organisée

qui est séparée d'un individu vivant, soit par l'art horticole, soit par une circonstance indépendante de la volonté de l'homme.

1° *Propagation par marcotte.*

Une tige ou une branche, ordinairement couchée et en partie couverte de terre ou de mousse humide, produit des racines sans cesser d'appartenir à la mère : si, au bout d'un certain temps, on sépare de celle-ci la tige ou la branche enracinée, on a une *marcotte* représentant la plante mère.

2° *Propagation par bouture.*

Une tige, une branche, une feuille, qu'on met en terre après l'avoir séparée d'une plante, pousse des racines et devient un individu vivant qu'on dit avoir été obtenu de *bouture*.

Si une bouture se compose d'une jeune pousse et d'un tronçon de vieux bois, elle porte le nom de *crossette*; cette sorte de bouture est particulièrement d'usage dans la plantation des vignobles.

3° *Propagation par greffe.*

Tout le monde sait qu'un bourgeon essentiel ou adventice pris sur une plante vivante, qu'on dispose sur une autre plante de manière à établir un contact intime entre les tissus les plus analogues et les plus vivaces, se soude, conformément à la loi d'*homœozygie* (*Journal des savants*, 1840), et qu'alors le bourgeon, qu'on appelle une *greffe*, se développe avec les caractères du végétal d'où il provient, en puisant sa nourriture dans la plante appelée *sujet*, sur laquelle il a été placé.

4° *Propagation par bourgeons-tubercules.*

Les tiges de plusieurs plantes produisent des bourgeons-tubercules, qui peuvent se développer à leur partie souterraine ou à leur partie aérienne. Nous citerons comme exemples du premier cas les tubercules de la pomme de terre et les caïeux de l'oignon du lis (*lilium candidum*), et comme exemples du second les bulbilles du *lilium bulbiferum* : ces bourgeons-tubercules, mis en terre, reproduisent des individus identiques à leurs plantes mères respectives.

Il est encore d'autres modes de propagation par simple division d'un individu dont il est inutile de parler.

B PROPAGATION AU MOYEN DES SEMIS.

Le moyen de propager les végétaux par semis peut donner des résultats fort différents de ceux que donne la propagation par la simple division de la plante mère.

En effet, si on observe la plus grande ressemblance possible entre une plante et les individus qui en proviennent au moyen de la simple division, soit qu'on ait recours au développement d'un bulbille, d'un caïeu, d'une greffe, soit qu'on ait fait des boutures ou des marcottes, il pourra en être tout autrement lorsqu'on sèmera des graines recueillies sur une même plante ; car, si les individus issus de ces graines possèdent les caractères essentiels à leur espèce, il *pourra arriver*, nous ne disons pas il *arrivera toujours*, que quelques-uns au moins différeront plus ou moins des autres.

La conséquence de ces faits est facile à déduire. Toutes les fois qu'il s'agira de propager quelqu'une des innombrables variétés de plantes que l'on cultive, soit à cause de la qualité alimentaire de leurs fleurs, de leurs feuilles, de leurs tiges, de leurs racines, soit à cause de la beauté de leurs fleurs, des panachures de leurs feuilles, en un mot à cause d'une particularité quelconque qu'on voudra perpétuer, on aura recours à la propagation par simple division, tandis que, au contraire, on recourra au semis si l'on veut obtenir des *variétés nouvelles*, c'est-à-dire des individus qui différeront du porte-graines par quelque propriété, quelque attribut utile ou simplement agréable.

Citons comme un exemple aussi remarquable que frappant de la distinction dont nous parlons l'origine et la propagation de la variété *spectabilis* du *robinia pseudo-acacia*. M. Descemet, ayant fait, en 1803 ou 1805, un semis de *robinia pseudo-acacia*, dans sa pépinière de Saint-Denis, près de Paris, remarqua un *individu sans épines* (1) parmi ceux qui provinrent de ces graines. Eh bien, c'est de la division de cet individu au moyen des marcottes, boutures ou greffes que proviennent tous ceux de la variété *spectabilis* qui sont répandus aujourd'hui dans le monde ! et, chose remarquable, les individus de cette variété sans épines, identiques à la plante mère, produisent des graines ; mais ces graines n'ont donné jusqu'ici que des plantes à épines, c'est-à-dire des individus identiques au *robinia pseudo-acacia* ordinaire.

En citant ce fait, nous n'en tirons pas la conséquence générale que toutes les variétés obtenues de semis donnent des graines capables de reproduire des individus identiques à l'espèce non modifiée ; seulement nous prétendons établir comme vraie cette proposition, que, *lorsqu'on veut propager à coup sûr une modification qui s'est fait remarquer dans une plante, il faut recourir à la propagation par simple division de la plante modifiée ; car, par la voie du semis de ses graines,* IL N'EST PAS CERTAIN *qu'on reproduira des individus identiques à la plante mère.*

(1) Je me sers du mot *épine* à l'instar des horticulteurs et de plusieurs botanistes, notamment de Desfontaines et Poiret, pour désigner les *piquants* du *robinia pseudo-acacia;* mais, à la rigueur, ces piquants étant indépendants du bois et adhérents à l'écorce, ils doivent être appelés *aiguillons* d'après la nomenclature de Linnæus.

§ 2.

LES ESPÈCES DES CORPS VIVANTS CONSIDÉRÉES RELATIVEMENT AU GROUPEMENT DES INDIVIDUS QUI LES REPRÉSENTENT RESPECTIVEMENT SONT L'OBJET DE CINQ DISTINCTIONS GÉNÉRALES.

Après les généralités précédentes, nous entrons en matière par quelques remarques faites dans le double but de rappeler les définitions exposées dans la deuxième partie de ce rapport, et de rendre plus facile à saisir le point de vue où nous nous sommes placé pour subordonner ces définitions aux règles de la méthode expérimentale telle que nous en concevons l'application à l'histoire naturelle.

Comme nous l'avons dit ailleurs (deuxième partie), l'espèce comprend donc tous les individus issus d'un même père et d'une même mère ; ces individus leur ressemblent autant que possible relativement aux individus d'une autre espèce : ils sont donc caractérisés par la similitude d'un certain nombre de rapports mutuels existant entre des organes de même nom ; quant aux différences placées hors de ces rapports, elles constituent des variétés en général.

Les variétés sont dites *simples* si les différences ne se perpétuent pas, ou, si elles se perpétuent par la génération , ce n'est que dans un très-petit nombre de localités ou de circonstances non identiques ; elles constituent des *races* si un ensemble de différences est prononcé et de nature à se perpétuer par la génération, d'une manière à peu près constante, dans un certain nombre de localités ou de circonstances non identiques; elles constituent enfin des *sous-espèces* si les différences caractéristiques très-prononcées se perpétuent d'une manière constante, quels que soient les lieux, quelles que soient les circonstances où les individus qui composent l'espèce peuvent vivre.

Ces définitions démontrent la nécessité d'envisager les localités, ou, pour parler d'une manière plus générale, les circonstances relativement à toutes les causes du monde extérieur, capables de modifier les corps vivants qu'on étudie ; c'est le seul moyen de donner de la précision à la valeur des modifications produites, considérées comme caractères de l'espèce.

Nous allons reprendre ces définitions en sous-œuvre afin de leur donner toute l'exactitude possible, en considérant au point de vue le plus général, par rapport à l'espèce, la subordination des différents groupes d'individus qui constituent de *simples variétés*, des *races* et des *sous-espèces*.

En appliquant ces nouvelles considérations à l'ensemble des espèces végétales et animales, nous sommes conduit à établir des distinctions de cinq sortes, concernant les rapports mutuels qui peuvent exister entre les différents groupes d'individus constituant de *simples variétés*, des *races* ou des *sous-espèces*, relativement à la notion de l'espèce à laquelle ces groupes se rapportent. Nous désignerons ces distinctions par les cinq premières lettres de l'alphabet grec, *alpha, béta, gamma, delta, epsilon.*

Distinction alpha (A).

Lorsque les individus qui composent une espèce n'offrent au naturaliste que des différences trop légères pour qu'il juge convenable d'établir parmi eux des variétés distinguées par des noms particuliers, on peut considérer un de ces individus, ou deux, si les sexes sont séparés, comme des types de l'espèce à laquelle ils appartiennent. Les espèces qui se trouvent dans cette condition reçoivent la distinction *alpha.*

Nous distinguons plusieurs sortes de différences qui sont trop légères pour constituer des variétés auxquelles on donnerait un nom spécial.

La première sorte est la *variation* des botanistes, qui ne se reproduit pas d'une manière constante par la génération.

La seconde sorte sera une différence dans la taille, dans

la vigueur des individus, suivant qu'ils se seront développés dans des circonstances favorables ou défavorables ; quoique ces différences puissent se transmettre par génération des ascendants à leurs descendants, les circonstances locales restant les mêmes, si elles s'effacent dans d'autres circonstances, il n'y aura pas lieu encore à donner des noms particuliers aux individus.

En définitive, après avoir indiqué les caractères communs à tous les individus de l'espèce, bien constitués, il suffira d'indiquer les qualités variables ou les variations, et les circonstances capables de produire quelque modification de taille et de vigueur dans les individus.

Le kœlreuteria offre l'exemple d'une espèce à laquelle *alpha* est applicable.

Le seigle commun (*secale cereale*) peut être cité comme second exemple, suivant M. Loiseleur-Deslongchamps ; car il est généralement reconnu des botanistes et des agronomes pour n'avoir subi aucune modification permanente, malgré la longue culture à laquelle il a été soumis et la diversité des sols et des climats dans lesquels de nombreuses générations d'individus se sont incessamment perpétuées ; la seule modification qu'il ait éprouvée est une diminution de taille et de vigueur, dans des terrains maigres : il a suffi à Tessier de semer plusieurs fois, en automne, dans un même lieu, des graines du *petit seigle*, du *seigle trémois*, du *seigle marsais*, du *seigle de printemps*, pour obtenir un seigle identique au seigle commun.

Nous citerons deux espèces animales qui sont dans le cas des précédentes, suivant M. Agassiz : le brochet (*esox lucius*) et la perche (*perca fluviatilis*).

En résumé, dans les espèces auxquelles la distinction *alpha* est applicable, tous les individus bien constitués peuvent être considérés comme types de leur espèce.

Distinction béta (B).

Il en sera autrement si un certain nombre d'individus, appartenant à une même espèce, présentent quelques différences remarquables et constantes dans certaines circonstances. Tel est le cas de la variété *spectabilis*, du *robinia pseudo-acacia* : les individus épineux représentent l'espèce, et les individus non épineux représentent une variété de cette espèce, qui jusqu'ici n'a pu être propagée par la voie des semis, ainsi que nous en avons déjà fait la remarque.

L'origine de cette variété étant parfaitement connue, on ne peut douter que les individus dépourvus d'épines qui la représentent forment un groupe subordonné à l'ensemble des individus épineux représentant l'espèce, puisqu'en définitive nous avons la certitude que ceux-ci ont donné naissance aux premiers.

Nous ajouterons qu'on a signalé, dans ces derniers temps, jusqu'à cinquante variétés au moins de *robinia*, obtenues de semis et propagées par la division des individus modifiés; mais ces variétés, dit-on, n'ont pu être propagées de graines.

En résumé, dans les espèces auxquelles la distinction *béta* est applicable, il y a des *individus types* et des *variétés*.

Distinction gamma (Γ).

On peut trouver dans la nature, c'est-à-dire dans des terrains non cultivés, des individus susceptibles d'être considérés comme types de leur espèce : tels sont ceux, par exemple, de la carotte sauvage venus dans des lieux où l'homme n'en confia pas les graines à une terre préparée d'avance.

Maintenant, par la culture, on est parvenu à modifier des individus de la carotte sauvage, de manière à constituer des variétés qui se propagent de semis avec assez de constance, du moins dans des circonstances déterminées, pour qu'on puisse les assimiler à des races.

C'est ici que se placent les belles observations de M. Vilmorin, dont la liaison avec le sujet que nous traitons a trop d'intimité pour que nous ne saisissions pas l'occasion de les citer avec les circonstances que comporte leur précision et avec les développements dont l'importance est incontestable, lorsqu'on les considère au point de vue général où nous nous sommes placé.

Si on sème les graines de la carotte sauvage au printemps dans un jardin, on reproduit des individus annuels identiques à la carotte sauvage; le pincement de la tige à diverses époques de son développement, pratiqué sur un certain nombre d'individus, n'amène aucun changement notable. Si on sème au milieu de l'été un *nombre convenable* de graines, au lieu de les semer au printemps, on obtient des individus dont la tige ne monte pas, et, fait remarquable, *les racines, à la fin de l'automne, sont déjà modifiées*. Si, au printemps suivant, on repique ces individus, ils fleurissent et donnent des graines ; les racines ont éprouvé une modification déjà fort notable.

En semant les graines obtenues des individus dont les racines avaient subi le plus de modification, on obtient un certain nombre de carottes d'une seconde génération plus modifiées que ne l'étaient celles de la première.

Enfin les graines de carottes de la seconde génération donnent des carottes d'une troisième génération profondément modifiées, et, fait remarquable, quelques individus seulement ont monté.

Les carottes de la troisième génération diffèrent de la carotte cultivée ordinaire par une chair plus compacte un peu plus sèche et pâteuse, un goût moins fort, une saveur aussi sucrée et un volume plus considérable. Quant à la couleur, la plupart des individus, comme ceux de la première et de la seconde génération, présentent une racine blanche ou jaune de citron, tandis qu'il en est d'autres dont la racine a une couleur rouge orangée si prononcé, un goût si fort et si relevé, que M. Vilmorin ne doute pas qu'en semant les graines de ces derniers individus il n'eût reproduit la carotte rouge cultivée la plus commune; mais il a préféré propager les carottes blanches et jaunes à cause de leur goût moins aromatique.

On voit donc comment l'époque du semis a modifié les individus venus des graines de la carotte sauvage, et comment les modifications ne se sont pas étendues à tous les individus, résultat qu'il faut attribuer à ce que les circonstances de la végétation des mêmes graines n'ont pas été identiques, ou à ce que les graines elles-mêmes étaient différentes, ou, enfin, au concours des deux causes dont nous parlons, tout en remarquant que, dans cette supposition, la seconde cause a dû être bien plus efficace que la première, ainsi que nous le verrons plus loin.

Les recherches de M. Vilmorin sur les modifications de la carotte sauvage sont d'autant plus précieuses à nos yeux qu'elles offrent une preuve évidente des succès qui attendent le naturaliste dans la nouvelle carrière qu'elles ouvrent à ses efforts; elles donnent un bel exemple de la puissance d'une culture raisonnée dans la recherche des causes prochaines capables de modifier les végétaux en même temps qu'elles montrent la possibilité d'aborder des questions concernant la découverte du type auquel se rapportent les individus modifiés, questions qui, sans le secours de l'expérience, fussent restées insolubles.

En définitive, dans les espèces auxquelles la distinction *gamma* est applicable, il y a des individus *types* et des variétés capables de se propager par semis avec assez de constance pour qu'on les considère comme constituant des *variétés bien définies* ou même *des races*.

Distinction béta plus gamma ($\beta + \gamma$).

Elle comprend des espèces dans lesquelles il y a des types et, en outre,

1° Des variétés qui se propagent par division et non de semis ;

2° Des variétés qui se propagent de semis et avec assez de constance pour être définies et même pour constituer des races.

Si l'on venait incontestablement à observer des variétés de *robinia pseudo-acacia* susceptibles de se propager de semis, alors l'espèce *robinia* recevrait la double distinction *béta* plus *gamma* ($\beta + \gamma$).

Distinction delta (Δ).

Il s'en faut beaucoup que l'origine des différents groupes d'individus appartenant à une même espèce soit aussi bien connue, dans la plupart des cas, qu'ils le sont à l'égard des espèces auxquelles les distinctions précédentes *béta et gamma* s'appliquent ; il peut donc y avoir des espèces qui présenteront deux ou plusieurs groupes d'individus, constituant deux ou plusieurs variétés, sans qu'il soit possible de considérer un des groupes comme formé d'individus types de l'espèce. Il est donc exact de dire qu'il n'y a point alors de type individuel connu de cette espèce, puisque la notion de celle-ci se compose de caractères communs à des groupes distincts, sans qu'on puisse affirmer que l'un de ces groupes comprend des individus non modifiés.

En résumé, dans les espèces auxquelles la distinction *delta* est applicable, il n'y a que des variétés et pas d'individus types.

Nous citerons plusieurs exemples représentant des cas

particuliers du cas général auquel la distinction *delta* est applicable.

PREMIER CAS. — *Simples variétés du type* (△ 1).

On distingue, parmi les individus du *prunus padus* (L.), des individus à fruits rouges, lesquels sont capables de se propager de graines d'une manière assez constante pour qu'on en ait fait deux variétés.

S'il était démontré que les uns tirassent leur origine des autres, comme il est démontré que la carotte cultivée provient de la carotte sauvage, l'espèce *prunus padus* serait comprise dans la distinction *gamma;* mais, comme cette opinion n'est pas celle de la plupart des botanistes, sans préjuger la question, nous appliquons à cette espèce la distinction *delta* 1.

L'espèce *hélice mignonne* (*helix pulchella*) est dans ce cas, suivant M. Agassiz; elle est représentée par les deux variétés.

a, — *lisse ;*
b, — *à côtes.*

DEUXIÈME CAS. — *Variétés du type et races dérivées du type* (△ 2).

Ce que nous venons de dire est applicable au merisier (*cerasus avium*). Dans l'impossibilité d'affirmer que le type de l'espèce a les fruits noirs, rouges ou même blancs, on est forcé de considérer les individus qui présentent ces différences comme deux ou trois variétés du type et d'appliquer conséquemment à l'espèce merisier la distinction *delta.* Mais le merisier présente des faits que ne présente pas le *prunus padus,* c'est-à-dire que les botanistes et les horticulteurs reconnaissent unanimement que la culture en a obtenu trois races distinctes, le *guignier,* le *bigarreautier* et le *heaume;*

ces races, au moins les deux premières, se reproduisent assez constamment de graines, et, fait remarquable, chacune d'elles renferme des variétés dont les fruits, par leur couleur noire, rouge ou blanche, correspondent aux trois variétés types.

TROISIÈME CAS. — *Races dérivées d'un type inconnu ou imparfaitement connu.*

Lorsqu'un grand nombre de variétés ou lorsque des races capables de se reproduire de semis sont issues d'une plante cultivée depuis longtemps dans des pays étrangers à son origine, il peut être difficile, même dans ces pays, de prononcer sur le type d'où ces variétés dérivent et de faire ainsi la part des modifications apportées aux caractères du type par le climat et la culture.

Sans vouloir trancher ici la question de savoir si le cerisier (*prunus cerasus* de L.) est indigène de l'Europe occidentale, et particulièrement de la France, comme le prétend Rozier, ou s'il est indigène de l'Asie, et notamment des environs de Cerasonte, où Tournefort en a observé des individus croissant spontanément sur des collines ; sans vouloir rechercher si ceux-ci ne sont pas déjà des modifications du type, nous dirons, jusqu'à nouvel ordre, que le cerisier, tel qu'il se montre dans les terrains cultivés de la France, se trouve représenté par des races dont le type n'est point encore incontestablement connu : dès lors nous le citons comme un troisième cas de la distinction *delta* (3).

Distinction epsilon (E).

Supposons vraie l'opinion dans laquelle on admet que l'homme blanc et le nègre descendent du même père et de la même mère ; par la raison que jusqu'ici on n'a jamais observé qu'un père blanc et une mère blanche aient donné naissance à un nègre, ni qu'un nègre et une négresse aient donné naissance à un blanc, l'espèce *homme* est, dans cette hypothèse, représentée par deux variétés assez constantes pour conserver leurs caractères différentiels dans les mêmes circonstances. Or, quand des variétés d'une même espèce ont atteint à ce degré de fixité, on peut les nommer, avec assurance, des *sous-espèces*, toujours dans l'hypothèse, bien entendu, où on ne considère pas le blanc et le nègre comme deux espèces différentes.

En définitive, dans les espèces auxquelles la distinction *epsilon* est applicable, il n'y a pas d'individus types d'espèce, mais des *sous-espèces* permanentes dont le nombre peut varier.

Quatre cas peuvent se présenter pour les sous-espèces d'une espèce végétale.

PREMIER CAS.

Il y a des races sans variétés.

DEUXIÈME CAS.

Il y a des races avec des variétés qui ne se propagent pas de graines.

TROISIÈME CAS.

Il y a des races avec des variétés qui se propagent de graines.

QUATRIÈME CAS.

Il y a des races avec des variétés
a.) qui se propagent de graines,
b.) qui ne se propagent pas de graines.
Voilà, à notre sens, les distinctions rationnelles qu'on peut

établir, en général, aujourd'hui entre les individus compris dans une espèce donnée de corps vivants, lorsqu'on veut les réunir en différents groupes dont les relations mutuelles, susceptibles de variations à différents degrés, donnent lieu aux catégories que nous avons désignées par les mots *types d'espèces* ou simplement *types, variétés, races* et *sous-espèces*. Ces distinctions, exprimant les relations les plus générales de tous les individus composant une association que l'on accepte aujourd'hui comme une espèce, indépendamment de toute question d'origine, sont des formules aussi simples que concises, douées du double avantage de donner au naturaliste le moyen d'exprimer nettement son opinion sur les relations qu'il reconnaît aux individus composant les espèces dont il parle, et de fournir au critique le moyen de faire comprendre sa pensée sans incertitude, lorsqu'il devra parler, soit pour citer, soit pour discuter les opinions diverses des naturalistes relativement à la subordination des individus d'une même espèce.

Si l'application d'une des cinq distinctions précédentes à une espèce donnée est impossible, comme fait de cette impossibilité, on appliquera à cette espèce la lettre *oméga;* enfin on n'imposera aucune lettre aux espèces qui n'auront pas été soumises à l'examen dont nous parlons.

Qu'arrivera-t-il de l'adoption par les naturalistes des distinctions que nous proposons? C'est que, si, dans les premiers *species* auxquels on les appliquera, il se trouve beaucoup d'espèces marquées d'*oméga* ou libres de toute lettre, ces espèces appelleront l'attention de tous les observateurs sur les lacunes qu'il s'agira de remplir.

§ 3.

DES ESPÈCES VÉGÉTALES CONSIDÉRÉES SOUS LE DOUBLE RAPPORT
DE LEUR PERMANENCE ET DE LEUR TENDANCE A ÊTRE MO-
DIFIÉES.

En traitant, dans la deuxième partie, de la définition de
l'espèce, nous avons admis en principe que les faits connus
n'autorisent point à considérer les circonstances actuelles où
vivent les corps organisés comme assez puissantes pour alté-
rer leur essence spécifique, par la raison que nous n'avons
jamais vu des individus d'une même espèce donner naissance
à un être d'une autre espèce, et, en outre, que, malgré l'étendue des modifications que des corps vivants d'une même origine aient éprouvées sous nos yeux, ils diffèrent toujours
moins de leurs parents que des individus appartenant à une
espèce différente de la leur.

Pour juger de l'utilité de la définition de l'espèce telle
que nous l'avons ramenée à une base expérimentale, il faut
voir comment elle se prêtera aux cinq distinctions précédentes lorsqu'on viendra à prendre en considération les modifications que les différentes espèces de corps vivants sont
susceptibles d'éprouver, sans perdre pourtant leurs essences
respectives.

S'il est évident que plus il y aura de parties ou d'organes
distincts dans une espèce et plus grand sera le nombre des
modifications possibles, toutes choses égales d'ailleurs, cependant l'observation prouve que des plantes, très-voisines
dans la méthode naturelle, peuvent avoir des aptitudes extrêmement différentes à subir des modifications, comme le
montrent la persistance du seigle à conserver ses caractères
et les nombreuses variations que le froment a éprouvées de
la part du climat et de la culture; mais la cause de cette différence d'aptitude n'ayant point été recherchée jusqu'ici,

elle sera sans doute un des sujets les plus importants réservés par la science actuelle à la postérité.

Quoi qu'il en soit, les modifications qui ont atteint des individus d'un grand nombre d'espèces étant aussi évidentes que le principe de l'immutabilité de leur essence est incontestable dans les circonstances actuelles où elles vivent, nous croyons utile de recourir à une comparaison propre à exposer clairement notre pensée relativement au double fait de la tendance des individus, en général, à conserver leurs essences respectives, et de la possibilité où ils sont d'éprouver quelque modification.

Si un cylindre de bois ou de toute autre matière homogène pose, par une de ses bases, sur un plan horizontal, l'axe de ce cylindre est perpendiculaire au plan, et l'équilibre a le maximum de stabilité; mais qu'une force, agissant dans un plan perpendiculaire au cylindre et dans la direction de son axe, le dérange de la verticale sans le renverser, c'est-à-dire sans porter le centre de gravité hors de l'espace de soutenement, un nouvel équilibre aura lieu et se maintiendra tout le temps que la force agira. Suivant la direction de la force par rapport aux différents points de l'horizon, le cylindre pourra prendre toutes les positions imaginables relativement à cet horizon, autant, bien entendu, que ces positions seront comprises dans un cône limite engendré par l'arête du cylindre qui, sans cesser de toucher le plan, parcourrait la circonférence du cercle, égal à sa base, en conservant son inclinaison, qui est précisément la limite au delà de laquelle l'équilibre cesserait d'avoir lieu : or, à partir de ce cône limite, qui est le plus obtus possible, on pourra en imaginer d'autres, de plus en plus aigus, à mesure que l'axe se rapprochera davantage de la verticale.

Les choses étant amenées à ce point, nous allons motiver notre comparaison en faisant voir comment elle se prête aux distinctions que nous avons établies dans les espèces des corps vivants.

1° La position normale dans laquelle le cylindre est perpendiculaire au plan horizontal, et qui présente le maximum de stabilité, correspond au cas idéal où une espèce serait représentée par des individus identiques les uns aux autres.

2° Les positions dans lesquelles l'axe du cylindre ne fait que des angles très-aigus avec la verticale, parce que la force qui l'a dérangé de la position normale n'a agi que très-faiblement, correspondent aux différences plus ou moins légères qui distinguent entre eux 1° les individus des espèces *alpha*, 2° les individus-types des espèces *béta* et *gamma*.

3° Les positions dans lesquelles l'axe du cylindre fait des angles un peu plus ouverts avec la verticale que dans les positions précédentes correspondent aux différences que présentent les variétés types des espèces *delta*.

4° Les positions dans lesquelles l'axe du cylindre fait des angles plus ou moins ouverts avec la verticale correspondent aux modifications assez profondes pour donner des variétés très-distinctes, soit des races ou des sous-espèces; conséquemment, elles peuvent s'appliquer à des variétés d'espèces *béta*, à des variétés et à des races d'espèces *gamma* et *delta*, à des sous-espèces *epsilon* (1).

Enfin tirons une dernière conséquence de la comparaison que nous venons de faire. Aussitôt que la force qui a dérangé le cylindre de la verticale cesse d'agir, celui-ci reprend sa position normale, de même que des modifications s'effacent dans des corps vivants et que les individus qui les présentaient tendent par là à reprendre la forme-type de leur espèce, parce que les circonstances, causes de ces modifications, ont cessé d'exercer leur influence. Mais remarquons, dès à présent, qu'il existe des cas contraires à ceux-là ; car, incontestablement, suivant nous, des individus de certaines espèces

---

(1) Quant aux races et aux variétés des sous-espèces *epsilon*, on peut se les représenter encore d'après les positions précédentes du cylindre, en supposant que chaque sous-espèce correspond au cas où l'axe du cylindre n'est que très-peu dévié de la verticale, ou, en d'autres termes, en considérant les variétés des sous-espèces comme les variétés d'une espèce.

conservent des modifications, hors des circonstances ou hors de l'action des causes qui les ont antérieurement déterminées, et, en outre, le plus souvent les modifications des corps vivants susceptibles de s'effacer, dans certaines circonstances, ne disparaissent pas au moment même où les forces, causes des modifications, ont cessé d'agir.

Ce sont ces deux ordres de faits, contradictoires en apparence, sur lesquels nous allons porter successivement notre attention, en exposant d'abord ceux qui, à nos yeux, par leur évidence et leur importance, se prêtent le plus à des conclusions générales. Nous aborderons ensuite les questions spéciales que nous avons posées dans la première partie de ce rapport, à l'occasion du comte Odart, et sans doute que les détails qui les auront précédées seront complétement justifiés par la lumière qu'ils jetteront sur le sujet.

ARTICLE PREMIER.

Stabilité des formes organiques.

Les connaissances acquises sur la stabilité des formes organiques résultent (A) d'observations comparatives faites entre les individus de diverses espèces de plantes et d'animaux actuellement vivants, et des individus des mêmes espèces qui ont cessé de vivre depuis plusieurs siècles ; (B) d'observations sur la permanence d'une même forme, faites soit sur les individus d'une série de générations successives, soit sur des individus d'espèces diverses d'un même genre, qui ont été soumis, dans leurs développements organiques, à des influences de circonstances identiques.

(A) Parmi les animaux dont l'ancienne Égypte voulut conserver les corps, il en est qui nous sont parvenus dans un tel état d'intégrité, qu'on a pu les étudier avec soin et en constater la parfaite ressemblance avec les animaux actuellement vivants. Nous citerons, comme exemple, l'étude comparative, faite par Cuvier, de l'ibis des anciens et de l'ibis de nos jours, d'après laquelle l'identité des individus, objets de cette étude, est démontrée. Pour les plantes, il nous suffira de rappeler les observations de M. Loiseleur-Deslongchamps sur la parfaite ressemblance de notre froment avec un froment trouvé dans les hypogées de l'ancienne Égypte, dont l'âge est au moins de 3000 ans et peut-être de plus de 4000. Notre savant confrère a parfaitement établi, selon nous, que le froment ne provient pas de quelque espèce du genre *ægilops*, comme on l'a prétendu encore dans ces derniers temps, et, en outre, qu'il est difficile de le placer avec Buffon dans la catégorie des plantes tellement modifiées par la culture que, si leur type originel n'a pas disparu de la terre, il n'a point encore été reconnu parmi les végétaux vivants. L'ouvrage sur les céréales de M. Loiseleur-Deslongchamps ne se recommande pas seulement par les recherches historiques qu'il renferme, mais encore par des observations propres à l'auteur, qui sont de nature à intéresser toutes les personnes dont l'attention se fixe sur les plantes de ce groupe.

(B) Depuis qu'il existe des jardins botaniques, on n'a point observé, à notre connaissance, qu'il se soit produit de modifications permanentes dans les plantes annuelles qu'on y renouvelle de graines, chaque année, pour les besoins de l'étude de ces plantes. Nous citerons d'une manière particulière des semis exécutés, consécutivement pendant trente ans, au Jardin du roi, par M. d'Albret, de cent cinquante variétés au moins de graminées, qui reproduisirent constamment ces variétés avec leurs caractères distinctifs dans cette période de temps ; des semis très-nombreux, faits, dans l'école de botanique du même jardin, par M. Pépin, qui toujours reproduisirent leurs ascendants, et parmi ces semis nous mentionnerons ceux des graines d'*ægilops ovata*, d'*ægilops squarrosa*, d'*ægilops triuncialis*, qui ne cessent pas de reproduire fidèlement leurs espèces respectives depuis plus de vingt et un ans.

Ajoutons encore un exemple du maintien des caractères

spécifiques, dans les mêmes circonstances, de deux espèces de plantes, l'*alchimilla vulgaris* et l'*alchimilla alpina*, dont la première croît dans nos plaines et la seconde sur nos montagnes. Tant qu'on les observait dans des lieux si différents, on pouvait leur attribuer une origine commune, en expliquant leurs différences spécifiques par la différence même des lieux où elles croissent respectivement. Eh bien, M. Bravais, auquel cette opinion paraissait assez probable, dut y renoncer lorsqu'il eut observé en Laponie, dans un même lieu, des individus des deux plantes vivant pêle-mêle et s'y propageant depuis des siècles probablement, en conservant leurs caractères différentiels.

ARTICLE DEUXIÈME.

Modifications des formes organiques.

Quand on considère la dépendance où se trouve un être vivant d'une organisation quelque peu complexe, de certaines conditions du monde extérieur, telles que la température, la lumière, l'humidité, la nature des aliments, et, s'il s'agit d'une plante, la nature du sol ; quand, en outre, on considère l'impossibilité d'un concours de conditions identiques, soit pour tous les individus contemporains d'une même espèce vivant dans des lieux très-différents et souvent fort éloignés, soit pour tous les individus de cette espèce provenus des générations successives issues d'un même père et d'une même mère ; si après ces considérations on cherche à constater les modifications que des êtres organisés ont éprouvées de la part des circonstances dont nous parlons, certes ce n'est pas l'étendue de ces modifications, soit qu'on ait égard au nombre des espèces auxquelles appartiennent les individus modifiés, soit qu'on ait égard à l'intensité de ces modifications, qui a lieu de surprendre, mais bien l'insuffisance de ces causes naturelles pour changer la nature essentielle à chaque espèce qui est pourtant susceptible d'être modifiée.

Cette insuffisance est encore évidente dans les cas même où les modifications ont été les plus grandes que nous connaissions; c'est-à-dire lorsque l'homme, usant d'une industrie née de ses besoins ou dirigée par l'esprit d'observation qui lui est inhérent, a employé ses efforts pour favoriser l'influence des agents naturels et de toutes les circonstances capables d'agir sur l'organisation des êtres vivants qu'il s'est appropriés en les soumettant à la culture ou à la domesticité, après les avoir conquis sur la nature sauvage.

Combien il serait intéressant de connaître l'origine des variétés et des races de végétaux et d'animaux qui ont été le résultat de cette conquête, et, en assignant leurs âges respectifs, de faire la part de leurs analogies avec nos variétés actuelles et des différences qui pouvaient les en distinguer! combien il est à regretter que les anciens, en parlant de ces variétés, n'aient rien dit de leur origine ni de leurs caractères distinctifs, et que nous en soyons réduits à de pures conjectures sur un sujet si important!

L'homme s'étant nourri de fruits avant de cultiver la terre, les arbres fruitiers auront été probablement les premières plantes modifiées par le semis de leurs graines, qu'il aura involontairement contribué à disperser ainsi que les oiseaux, qui comme lui s'en nourrissaient.

Un grand nombre de nos légumes sont le produit d'essais exécutés au moyen âge par ceux qui se livraient à leur culture et notamment par des religieux de différents ordres; les variétés d'arbres fruitiers qui datent de cette époque proviennent probablement de semis accidentels et nous ont été transmises par la greffe, si anciennement connue. Le goût des fleurs, qui commença à se répandre vers la fin du moyen âge en Hollande et en Belgique particulièrement, engagea les jardiniers et les amateurs à recourir aux semis pour augmenter le nombre de leurs variétés. Si dans le cours du xviii⁰ siècle quelques hommes se livrèrent au semis des arbres fruitiers, les uns, comme Hardenpont, gardèrent le silence sur leurs travaux, et les autres, comme Duhamel, ne publièrent que des résultats négatifs, l'habitude de tous étant l'usage de la greffe pour propager les bonnes variétés.

Ce n'est que dans les dernières années du xviiie siècle que quelques personnes seulement ont commencé à se livrer, jusqu'à nos jours, à la multiplication des arbres fruitiers par semis. Parmi elles il en est deux dont les noms seront à jamais consacrés par l'historien des recherches de cette classe, Van Mons en Belgique et M. Sageret en France. Si les semis du premier ont été faits plus en grand peut-être que ceux de notre compatriote, celui-ci a la supériorité incontestable du mérite des publications. M. Sageret a donné au public tous les résultats de ses laborieuses recherches, qui, à partir de 1794, ont été continuées, jusqu'à ces derniers temps, avec un esprit d'observation, une sagacité et une finesse d'aperçu qui, à nos yeux, ne sont pas plus louables que la simplicité et l'extrême bonne foi avec lesquelles l'auteur en a rendu compte dans sa *Pomologie physiologique* et les mémoires qui ont précédé et suivi ce remarquable ouvrage : la gloire de cette société, la considération de ses membres nous sont trop chères pour taire les services rendus aux sciences agricoles par un de nos collègues les plus honorables ; aussi est-ce un hommage qu'il nous est doux de lui rendre comme expression de reconnaissance pour les lumières que nous avons puisées dans ses excellents écrits !

Nous avons parlé des semis de plusieurs plantes comme exemples particuliers propres à définir les distinctions que nous avons appliquées aux espèces envisagées par rapport à la subordination des groupes d'individus qui les composent respectivement ; il nous reste à envisager les semis comme moyen de modifier les plantes en y rattachant les principales pratiques que l'art horticole peut faire concourir avec eux pour atteindre le même but ; mais, avant tout, expliquons le sens exact de ce qu'on exprime en parlant de la possibilité de modifier certaines plantes, afin d'en obtenir des variétés au moyen du semis de leurs graines.

La cause essentielle des modifications qui peuvent alors se manifester ne doit pas être attribuée au semis même, car celui-ci n'en est que la cause occasionnelle, comme nous allons le faire voir dans la revue des causes générales de ces modifications.

Commençons par distinguer deux périodes de temps dans la vie des plantes dont on étudie les modifications.

La première période, comprenant la formation de la graine, finit au moment où celle-ci peut se détacher ou être détachée de son porte-graine, parce qu'elle est arrivée à sa maturité.

La deuxième période comprend la germination de la graine avec le développement complet de l'individu qui en provient.

Après avoir parlé des effets généraux, des causes qui agissent dans les deux périodes de la vie d'un même individu végétal, nous traiterons des modifications mutuelles de deux formes organiques représentant deux espèces, lorsque deux individus de sexes différents, appartenant à ces espèces, sont susceptibles de produire un individu *hybride*.

Nous avons donc à considérer

Les modifications qu'éprouvent des individus appartenant à une seule espèce;

Les modifications de deux formes organiques considérées dans l'hybride produit par deux individus d'espèces différentes.

1° MODIFICATIONS DES INDIVIDUS APPARTENANT A UNE SEULE ESPÈCE.

1° *Modifications qu'un individu végétal peut recevoir dans la première période de son existence.*

Des graines recueillies à la même époque sur un porte-graine peuvent présenter, dans les individus auxquels elles donneront naissance, les circonstances du semis et du monde extérieur étant les mêmes, des différences assez prononcées pour en conclure qu'elles ne sont point absolument identiques; dès lors on se rendra compte des modifications produites, en ayant égard à l'organisation individuelle ou à l'idiosyncrase de chaque graine, qui éloigne l'individu issu de cette graine des individus qui peuvent être pris comme types de l'espèce, de la sous-espèce ou de la race à laquelle ils se rapportent.

Un exemple frappant de la diversité des graines d'une même origine est que, dans un semis d'œillets, dont les graines, recueillies en même temps sur un seul individu, ont été exposées aux mêmes circonstances, on observe une telle diversité dans les couleurs des fleurs et les dessins qu'elles affectent, qu'on dirait autant de variétés que d'individus; mais remarquons, pour prévenir toute induction exagérée, que des graines d'espèces quelconques ne présentent pas ce résultat, car on peut semer plusieurs mille de graines de certaines espèces appartenant aux distinctions *béta*, *gamma*, *delta* sans obtenir de variétés, les modifications produites alors étant restreintes à celles que peuvent présenter des individus appartenant aux espèces *alpha*.

Certes, si toutes les personnes qui ont fait des semis, particulièrement d'arbres fruitiers, avec l'intention d'en obtenir des variétés nouvelles, eussent indiqué le nombre des graines semées et le nombre des individus modifiés d'une manière remarquable issus de ces graines, elles eussent prévenu beaucoup d'objections contre leur manière de voir sur l'utilité et les conséquences de cette pratique horticole, et dès lors, si l'avantage des semis n'eût pas subi l'exagération des uns, il n'aurait point été méconnu des autres.

L'observation démontre la diversité des graines d'un même porte-graine : ainsi les grains de la base d'un épi de céréale sont meilleurs que ceux du sommet, tandis que les semences de melon sont dans le cas contraire, celles de la

région du pédoncule ou de la queue étant inférieures aux
autres. M. Girou de Buzareingues a observé que les graines
du sommet d'une tige de chanvre produisent plus de fe-
melles, relativement aux mâles, que les graines placées au-
dessous des premières.

Ces faits prouvent donc que, en vertu des forces organiques, toutes les graines qu'une plante semble produire
dans un même temps et dans des circonstances semblables,
sinon d'exposition, du moins de sol et de climat, peuvent
n'être point identiques, et que ce défaut d'identité est déjà
une cause de modification dans les individus d'un même
semis.

Ajoutons que les circonstances suivantes pourront encore
être des causes de modifications.

1° Les graines d'un même individu semées à différents
degrés de maturité;

2° Les graines d'un même individu au même degré de
maturité, mais semées dans des temps inégalement éloignés
de l'époque de leur récolte.

3° Les graines des vieux arbres fruitiers sont préférables,
en général, suivant Sageret, à celles des jeunes arbres,
lorsqu'il s'agit de la bonne qualité du fruit.

4° Toute pratique qui tendra à troubler la végétation
sans la détruire pourra être une cause de modification ; c'est
ainsi que M. Sageret, en *tourmentant* un *helianthus annuus*
par la torsion, le bouturage, le marcottage, la ligature, l'incision annulaire, lui a fait produire des graines qui ont
donné naissance à des individus dont les feuilles étaient
panachées : or ce résultat est conforme à ce qu'on sait de
l'influence des graines qui ont perdu de leurs qualités par
une cause quelconque ; les individus auxquels elles donnent
naissance sont faibles et ont souvent des feuilles panachées.

5° L'incision annulaire favorise la production des fruits
dans beaucoup de cas; M. Sageret, l'ayant pratiquée à un ro-
sier-capucine qui fructifie très-rarement, du moins à Paris,
en a obtenu un assez grand nombre de fruits parmi lesquels

il s'en est trouvé qui avaient des graines : une d'elles a donné un rosier nain à fleurs sans pétales. Un cognassier, soumis à la même opération par M. Sageret, a éprouvé une telle modification, que les fleurs situées au-dessus de la circoncision ont donné des *fruits bons à manger*.

Passons à l'application des observations précédentes aux semis des arbres fruitiers pratiqués dans l'intention de les propager, de les améliorer ou d'en obtenir des variétés nouvelles.

Il n'est pas douteux, d'après les expériences de M. Sageret et celles de plusieurs horticulteurs, qu'un grand nombre de variétés de nos arbres fruitiers peuvent se reproduire de graines ; nous citerons comme exemples des doyennés, des saints-germains, des reinettes, quelques variétés de pêchers, particulièrement celle qui porte le nom de teton de Vénus, quelques variétés d'abricotiers, le plus grand nombre des variétés de cerisiers, la quetsche, le perdrigon blanc, la reine-Claude, la sainte-Catherine, le damas rouge, etc., parmi les pruniers ; mais, pour être conséquent avec la définition que nous avons donnée de l'espèce, nous ajouterons que les variétés ne se perpétuent que dans certaines circonstances: on doit donc s'attendre qu'il est des lieux où les variétés précédentes ne se reproduiraient pas, et, d'après ce que nous avons vu de la diversité des graines d'un même individu et de toutes les causes qui peuvent les modifier dans un même lieu et dans les mêmes circonstances atmosphériques, toute graine d'arbre fruitier ne reproduira pas nécessairement son ascendant.

Lorsqu'on veut obtenir de semis des variétés douées de certaines propriétés, il faut recueillir des graines sur des individus possédant déjà ces mêmes propriétés au plus haut degré, en supposant, bien entendu, que cela soit possible. Par exemple, veut-on des variétés d'arbres fruitiers plus hâtives que celles qui existent, on sèmera les graines recueillies sur des individus dont les fruits arrivent le plus tôt à la maturité, et, autant que possible, dans les mêmes conditions où végètent ces individus.

Cette règle est vraie en général ; aussi pensons-nous que M. Sageret, en l'observant dans ses semis d'arbres fruitiers, a eu plus raison que Van Mons, qui, sans en méconnaître l'influence, s'est exprimé à ce sujet d'une manière que nous ne pouvons nous expliquer, lorsqu'il a dit : « Je « préfère la graine d'un fruit moins bon, mais plus sou- « vent renouvelé, à celle d'un fruit moins souvent re- « nouvelé. » Mais, à notre sens, pour un nombre égal de semis, il y a évidemment avantage à semer les graines du meilleur fruit, comme le prescrit M. Sageret et comme le pense aussi M. Puvis.

Nous dirons donc, en définitive, qu'on obtiendra les meilleurs résultats en prenant les graines des meilleurs fruits pour les semer, en récoltant les graines des individus provenus de ces semis pour les semer encore, et ainsi de suite, dans les conditions les plus favorables possibles.

Une observation de M. Sageret concernant l'influence des ascendants sur la bonté des fruits des descendants ne doit point être négligée; c'est que des graines d'un mauvais melon, mais appartenant à une bonne variété, ont donné, par les semis, des individus dont les melons étaient très-bons.

Il serait important de savoir, comme application des faits précédents, si des modifications produites par l'incision annulaire, telles, par exemple, que M. Sageret en a observé dans les fruits du cognassier qu'il a soumis à cette opération, se reproduiraient dans les fruits des individus qui proviendraient du semis des graines des fruits modifiés.

2° Modifications qu'un individu végétal peut recevoir dans la deuxième période de son existence.

Si l'influence du monde extérieur sur la production des graines et conséquemment sur les qualités qu'elles tiennent de l'organisation est incontestable, l'influence du monde extérieur dans la germination de la graine et le développement de l'individu qui en provient est bien plus manifeste dans cette période de la vie de la plante que dans la première, par la double raison que nous en observons les effets à tous les moments et que nous pouvons les comparer dans des individus venus de graines identiques, mais placés dans des circonstances qui ne le sont pas.

Pour étudier méthodiquement les effets du monde extérieur, savoir, ceux de la chaleur, de la lumière, de l'électricité de l'atmosphère, du sol et des eaux sur les plantes, il faut considérer les influences de ces agents par rapport aux lieux et par rapport aux temps.

A. *Influence du monde extérieur, dans un même lieu, pour modifier des graines identiques, (a), dans un même temps, (b), dans des temps différents.*

(a). *Le monde extérieur peut agir dans un même temps.*

Par exemple, des graines identiques pourront éprouver des modifications dans un lieu où elles auront été semées, parce qu'il y aura des veines de terre différentes du reste du sol, parce que l'eau ne sera pas également répartie dans ce sol ; puis chaque individu développé se trouvera dans des conditions différentes d'exposition relativement au monde extérieur.

Par la raison que des graines d'une même origine pourront différer entre elles sans qu'aucun caractère en prévienne l'expérimentateur, il en résulte que, s'il se développe dans le semis d'un certain nombre de graines un individu ou quelques individus différents des autres, il peut toujours y avoir quelque incertitude sur la question de savoir si l'on doit attribuer l'origine de la modification aux circonstances du monde extérieur qui n'ont pas été identiques pour tous les individus, au lieu de la faire dépendre d'une cause inhérente à l'organisation individuelle. Si l'on veut atténuer autant que possible cette difficulté, il y a nécessité, lorsqu'on se livre à de pareilles recherches, à ne semer que des graines d'une même origine, aussi semblables à l'extérieur que possible et prises dans les mêmes conditions.

(b). Influence du monde extérieur dans un même lieu et dans des temps différents.

Des constitutions atmosphériques extraordinaires pourront, dans les années où elles régneront, produire des effets extraordinaires. Nous citerons, comme exemple de ce cas, les faits suivants, dont nous devons la communication à M. Vilmorin :

« J'ai vu, dit-il, dans une certaine année où l'automne « fut extraordinairement chaud et humide, tous les choux « d'York des marais de Bercy et du faubourg Saint-An- « toine monter au lieu de pommer ; c'était une désolation « parmi les jardiniers, qui en éprouvèrent une grande « perte. »

Cet exemple est bien propre à faire concevoir l'attention que les horticulteurs, les maraîchers qui se livrent à la culture des légumes doivent apporter sans cesse pour observer les circonstances susceptibles de compromettre l'objet de leurs travaux ; aussi faut-il qu'ils attachent la plus grande importance au choix de leurs porte-graine, à l'époque des semis la plus favorable à chaque variété, à la conduite de la cul-

ture relativement aux engrais, à l'eau et à la chaleur.
« Sans cela, dit M. Vilmorin, je suis convaincu que tous
« les choux pommés, aussi bien que les autres races perfec-
« tionnées, milans, choux-fleurs, choux-raves, etc., re-
« tourneraient, en quelques générations, au chou vert
« sauvage.

« Les variétés potagères à feuilles frisées, persil, cres-
« son, etc., peuvent à peine, malgré les épurations les plus
« rigoureuses, être maintenues dans leur état artificiel;
« elles reproduisent sans cesse, et quelques-unes dans une
« proportion énorme, des individus à *feuilles non frisées*.

« Toutes les racines cultivées, carottes, betteraves, na-
« vets, radis, sont dans le même cas. Pour peu que le choix
« du porte-graine ait été négligé, il y aura, dans la pre-
« mière année du semis, des individus qui monteront et
« dont la racine perdra presque entièrement l'épaisseur, la
« qualité tendre et charnue propre à la race perfection-
« née. »

C'est encore à la considération de *causes agissant dans
un même lieu, mais dans des temps différents*, que nous rap-
porterons l'influence que pourra avoir l'*époque du semis* sur
une même plante, comme cela est arrivé dans le semis des
graines de carotte sauvage fait, au milieu de l'été, par
M. Vilmorin et dans un semis de graines du chou pé-tsaie
fait au mois d'août par M. Pépin. Cet habile horticulteur a
obtenu de ce semis des individus à feuilles et à pétioles
larges et serrés dont quelques-uns pesaient de 2 à 3^k,500
au mois d'octobre ou de novembre, et qui, au printemps
suivant, ont produit des fleurs sur des tiges ramifiées de
plus de 1 mètre de hauteur, tandis que les graines semées au printemps ne développèrent qu'une tige simple
à quatre ou six feuilles, qui, après être montée de 0^m,30
à 0^m,35, fleurit peu de temps après. Évidemment le semis est la cause occasionnelle des modifications dont je
parle, car celles-ci proviennent de la diversité des conditions du monde extérieur où se trouve la graine

lorsqu'elle est semée à la fin de juillet ou au mois
d'août, au lieu de l'avoir été au commencement du printemps. Dans les premières circonstances, le froid empê-
chant la plante de monter, la matière organique nécessaire
aux premiers développements de la tige, au lieu de s'y porter, reste dans la racine.

B. *Influence du monde extérieur dans des* LIEUX DIFFÉRENTS
pour modifier des graines identiques, (a), *dans un même
climat,* (b), *dans des climats différents.*

(a). *Dans un même climat.*

La diversité des sols, des expositions, de l'humidité pourra exercer des influences diverses dans un même climat.

Un des exemples les plus frappants de cette influence que
l'on puisse citer est le *navet dit de Freneuse.* Cette variété,
caractérisée à la fois par une teinte roussâtre et un goût
particulier, se reproduit d'une manière constante, à Freneuse, dans une terre ocreuse, tandis que, dans beaucoup
de lieux où l'on a voulu la perpétuer, on n'y a pas réussi
en semant des graines recueillies à Freneuse, ou, si on y
est parvenu, les individus ont donné des graines qui avaient
perdu cette faculté, sinon après une première génération,
du moins après une seconde ou une troisième. Il existe sans
doute des localités où la variété se reproduirait absolument
comme à Freneuse.

Cet exemple fait voir clairement pourquoi, dans certains
lieux où l'on veut obtenir des individus de certaines espèces
doués de qualités dont sont dépourvus les individus venus
de graines recueillies dans ces mêmes lieux, on est obligé
de recourir, chaque année, aux graines produites dans des
contrées où les individus sont doués des qualités qu'on dé-
sire perpétuer. Ainsi, chaque année, nous tirons de Bruxel-

les des graines du chou particulier à ce pays, que nous cultivons dans notre propriété de l'Hay, sans observer de variation dans les individus qui en proviennent.

Van Mons a remarqué que le terrain de Louvain, où il avait transféré sa collection d'arbres fruitiers qui, auparavant, était à Bruxelles, leur a été moins favorable que le terrain de cette dernière ville, et que les cerises et les pêches y avaient moins perdu de leurs qualités que les poires et les pommes.

Deux autres faits, consignés dans la *Pomologie physiologique*, prouvent bien encore la relation des lieux avec la qualité des fruits qu'on y cultive : ainsi le besi du Quessoy, en Bretagne, est une bonne poire, tandis qu'elle est mauvaise à Paris ; le bon-chrétien d'hiver venu à Paris justifie le nom qu'il porte, tandis qu'en Gatinais il ne vaut rien.

(b). *Influence du monde extérieur agissant dans* DES CLIMATS DIFFÉRENTS.

Si les observations précédentes ont démontré l'influence que des lieux différents, mais assez rapprochés pour être considérés comme appartenant à un même climat, exercent sur le développement des plantes, à plus forte raison des climats différents par la latitude ou par l'altitude devront-ils en exercer une plus prononcée encore ; aussi les changements que nos végétaux d'Europe modifiés par la culture ont éprouvés dans plusieurs contrées du nouveau monde ne doivent-ils rien présenter d'extraordinaire, rien d'imprévu après l'exposition des faits précédents coordonnés dans l'ordre que nous avons adopté.

Au Chili, les légumes d'Europe ont acquis une grosseur considérable ; les fruits sont dans le même cas : il paraît donc qu'il n'y a pas eu de tendance rétrograde vers l'état sauvage.

A Saint-Domingue, le contraire a lieu : les choux, les

laitues, au lieu de pommer ; les navets et les carottes, au lieu de grossir, montent en graines avec une rapidité extrême : ils perdent donc les qualités alimentaires que la culture leur a données en Europe.

Dans l'Amérique du Nord, il n'y a ni pommiers, ni poiriers, ni pêchers indigènes appartenant aux espèces de notre continent : les Européens, en s'y établissant, il y a trois siècles environ, y transportèrent des semences de ces arbres ; mais, au lieu de reproduire nos variétés cultivées, elles donnèrent, du moins en Virginie, une première génération d'arbres qui ne produisirent que des fruits *sauvages trop acerbes* pour être mangés par des hommes accoutumés aux fruits de nos cultures. Les semences des fruits américains de cette première génération donnèrent des arbres dont les fruits étaient un peu moins mauvais que ceux de la génération précédente ; enfin, de génération en génération, il y a eu une amélioration sensible, mais telle cependant que les fruits produits en dernier lieu sont encore inférieurs aux nôtres, et, fait remarquable ! ceux qui ont le plus gagné au moyen des semis diffèrent des fruits d'Europe par la saveur et l'arome. Ces faits, que M. Poiteau recueillit en Virginie, il y a quarante-cinq ans, démontrent les modifications opérées par une succession de générations dans des végétaux issus d'une même graine, en même temps qu'ils justifient notre définition de l'espèce ; et, si l'on prétendait que les semences d'arbres fruitiers transportées primitivement en Virginie n'avaient pu appartenir à des fruits d'une aussi bonne qualité que nos fruits actuels, cependant il resterait constant que les fruits récoltés en Virginie différaient absolument de ceux que leurs ascendants produisaient dans le même temps en Europe.

On voit donc comment les nouvelles conditions dans lesquelles les arbres fruitiers se sont trouvés dans l'Amérique du Nord ont amené deux résultats principaux, 1° en ôtant d'abord à l'espèce ce que la culture de l'Europe lui avait donné de qualité ; 2° en lui faisant subir, par voie de générations successives, des modifications différentes de celles des fruits de nos cultures.

Une observation de M. Sageret démontre tout ce qu'on peut espérer des modifications produites sur une variété déjà améliorée par un changement de lieu : des noyaux provenant d'un prunier de reine-Claude cultivé à Paris furent semés en Auvergne ; ils produisirent des individus de reine-Claude qui donnèrent de très-beaux fruits. Les noyaux de ces derniers, semés à Paris par M. Sageret, produisirent une *variété* de reine-Claude dont les fruits, de couleur rosée, étaient d'un excellent goût. Si nous nous rappelons actuellement que les arbres fruitiers d'Europe ont éprouvé des modifications particulières dans l'Amérique du Nord, ne sera-t-on pas conduit à admettre la possibilité que les variétés d'Amérique, ainsi modifiées, recevraient de leur culture en Europe de nouvelles modifications qui en feraient des variétés nouvelles douées de quelques qualités spéciales et susceptibles de se propager par la greffe, si ces variétés nouvelles ne pouvaient l'être par le semis de leurs graines ?

2° MODIFICATIONS DE DEUX FORMES ORGANIQUES CONSIDÉRÉES DANS L'HYBRIDE PRODUIT PAR DEUX INDIVIDUS D'ESPÈCES DIFFÉRENTES.

Après avoir parlé des causes principales capables de modifier les individus d'une même espèce dans les deux périodes de leur vie, il nous reste, pour compléter l'exposé des causes qui modifient les formes organiques, à apprécier l'influence mutuelle de deux individus différents de sexes et d'espèces, lorsqu'ils donnent naissance à des individus *hybrides* en vertu de la faculté que nous appelons *hybridation*.

*Des hybrides considérés relativement à la définition de l'espèce
et à l'utilité de leur étude pour la science et l'application.*

On sait qu'il y a certaines espèces dont les individus, de
sexes différents, sont capables de donner naissance, par voie
de génération, à des individus désignés par la dénomination
d'*hybrides* ; on sait encore que l'expression de *mulets*, prise
dans un sens général, s'applique aux hybrides du règne animal ; enfin nous croyons devoir ajouter que les horticulteurs qui appellent *espèces* des variétés, des races ou des
sous-espèces donnent, conséquemment à leur langage, le
nom d'hybrides à des individus provenant de deux variétés,
de deux races ou de deux sous-espèces d'une même espèce :
mais il y aurait le plus grave inconvénient à ne pas insister
sur l'extrême différence qu'il y a entre ces individus et les
hybrides proprement dits : c'est pourquoi nous les désignerons par l'expression de *sous-hybrides*, afin de prévenir
toute méprise.

Lorsqu'on envisage l'hybridation au point de vue histo-
rique, après l'avoir constatée et restreinte dans ses vraies limites, on voit qu'elle a été, comme toute chose nouvelle
introduite dans une science, une occasion de généraliser
au delà du connu, en vertu de cette facilité avec laquelle
notre esprit se laisse aller à des inductions et même à de
simples conjectures, au lieu de se restreindre aux conclusions positives déduites des faits contrôlés par l'expérience ;
mais, s'il est prouvé que l'hybridation n'est possible qu'entre
des espèces voisines, que les produits en sont généralement
stériles, quoique nous reconnaissions comme possible, ainsi
que nous le dirons plus bas, la propagation d'individus hybrides par des générations successives, gardons-nous d'un
esprit de réaction qui nous ferait méconnaître l'intérêt et

l'importance des études concernant les hybrides, dont l'existence et l'origine sont incontestables.

L'hybridation, quoique renfermée dans des limites étroites, eu égard au nombre de ses produits, n'est pas moins un sujet d'étude des plus propres à faire connaître l'influence des ascendants sur leurs descendants.

Le fait de l'hybridation est en tout conforme aux idées que nous avons exprimées, en définissant l'espèce à notre manière, puisqu'il établit les vérités suivantes :

1° Qu'il n'y a qu'un petit nombre d'espèces entre lesquelles il se réalise, et que ces espèces ont toujours de très-grands rapports mutuels d'organisation : mais toutes celles qui sont dans ce cas ne produisent pas nécessairement des hybrides, c'est ce qui explique pourquoi M. Sageret n'a pu féconder le pommier par le poirier ;

2° Que la différence entre les hybrides et l'un ou l'autre de leurs ascendants est plus grande que la différence des individus issus d'un père et d'une mère de la même espèce, comparés à ce père et à cette mère : mais il faut bien se garder de croire que l'hybridité est nécessairement la forme moyenne du père et de la mère ;

3° Que peu d'hybrides se propagent par voie de génération, à la manière des individus d'une même espèce, surtout lorsqu'il s'agit d'hybrides du règne animal ;

4° Que les descendants des hybrides, féconds bien entendu, ont plus de tendance à s'allier ensemble et même avec l'un de leurs ascendants, que n'en ont leurs ascendants à s'allier entre eux ; dès lors les hybrides sont plus exposés, dans leurs descendants, à perdre les caractères originaires qu'ils tiennent de leurs générateurs, que les individus d'une même espèce ne sont exposés à perdre les leurs par l'effet d'une hybridation qui serait opérée naturellement ;

5° Que, quelle que soit dans un hybride l'intimité des deux formes de ses générateurs, formes que l'on dirait plutôt fondues ensemble que juxtaposées ou soudées, cependant il y a des hybrides et des circonstances où les deux formes se dégagent l'une de l'autre dans un même individu. Il existe, par exemple, un hybride du *cytisus laburnum* et du *cytisus purpureus*, qui présente quelquefois dans un même individu des rameaux qui portent les uns la fleur du père et les autres la fleur de la mère. Il est évident, d'après cela, que dans l'hybridation des deux formes il n'y a pas eu destruction de ces formes, puisque dans certaines circonstances on les voit se dégager l'une de l'autre.

Un hybride dont la mère était le melon de la Chine et le père probablement le melon maraîcher a présenté à M. Sageret un fait analogue ; deux rameaux absolument opposés portèrent l'un un melon maraîcher parfaitement caractérisé, et l'autre un melon participant évidemment de celui-ci et du melon de la Chine.

S'il est vrai que des individus hybrides aient peu de tendance à perpétuer leur forme propre par voie de génération, ou, ce qui revient au même, soient exposés à la perdre par les circonstances où ils se trouvent placés dans l'ordre ordinaire des choses, cependant nous admettons la possibilité que certains hybrides se propagent par génération, à l'instar des individus d'une même espèce. Nous serons donc bien loin de rejeter comme contraire à une loi de la nature l'opinion de M. Sageret, d'après laquelle le colza, qui est considéré par les botanistes comme une espèce, est un hybride du chou (*brassica oleracea*) et du navet (*brassica napus*) : il a été conduit à cette manière de voir en comparant au colza de nos cultures un hybride de ces deux plantes obtenu par lui.

Quoi qu'il en soit de l'objection qu'on pourrait lui adresser de n'avoir pas suivi cet hybride dans une série de générations assez nombreuses pour affirmer l'identité de l'hybride avec l'espèce des botanistes, il n'en est pas moins vrai que l'expérience de M. Sageret est une preuve nouvelle de la lumière que la méthode expérimentale répand sur les questions les plus élevées de l'histoire naturelle. C'est conformément encore à nos opinions, que nous sommes de l'avis de M. Sageret, lorsqu'il combat Knight, qui refuse en principe la fécondité aux hybrides pour ne l'admettre que dans les soushybrides, et qui pousse son raisonnement jusqu'à conclure que le pêcher est une variété de l'amandier, par la raison que l'amandier-pêcher, hybride des deux premiers, se propage de graine.

La fécondité de plusieurs animaux hybrides est incontestable; nous allons en citer des exemples.

Depuis une époque très-reculée, on fait au Chili un grand commerce de peaux de mouton à poils longs et plus ou moins roides, qui proviennent d'individus issus du bouc et de la brebis. Voici comment on opère le croisement :

On met un bouc avec dix brebis.

Les hybrides mâles issus des deux espèces ont une laine presque semblable au crin ; aussi leurs peaux ne sont-elles pas estimées pour les usages auxquels il convient de les employer avec leurs poils.

Mais les mâles hybrides, mis avec des brebis, les fécondent, et les individus qui en proviennent ont une peau à crins fins et doux qui est extrêmement recherchée pour servir à faire des *chabraques* qui sont appelées *pellions* dans le pays.

Après un certain nombre de générations, le crin devient gros et dur ; à cette époque, il faut recourir au mâle hybride d'une première génération pour obtenir des métis dont la peau convienne à la confection des pellions.

Ces renseignements, que nous devons à l'obligeance de M. Gay, prouvent la fécondité du mâle issu du bouc et de la brebis.

M. Flourens, ayant obtenu au muséum d'histoire naturelle un hybride du mouflon et de la chèvre, il serait curieux de savoir s'il serait fécond comme le précédent; il a obtenu aussi un sous-hybride du mouflon et de la brebis.

Enfin nous ajouterons que M. de Lafresnais a donné au muséum une paire de métis issus d'une oie de Guinée mâle et d'une oie à cravate femelle, lesquelles, comme on sait, appartiennent à deux espèces parfaitement distinctes; il est remarquable que leurs hybrides se soient reproduits déjà jusqu'à sept fois.

Prévenons maintenant une objection qu'on pourrait nous faire en prétendant que notre définition de l'espèce manquerait d'application ou serait compromise, du moment où l'on reconnaîtrait qu'il existe ou qu'il peut exister des individus hybrides capables de se propager d'une manière constante par voie de génération; notre réponse est bien simple, la voici :

Faute de caractères rationnels pour savoir si un individu donné représente une espèce, nous avons défini celle-ci, comme le vulgaire, d'après la plus grande similitude des individus d'une même origine ou, en d'autres termes, d'après la transmission d'une même forme par voie de générations successives. Une fois donc cette perpétuité de forme constatée par l'expérience, en remontant dans le temps aussi loin que possible, des fils aux pères, nous en concluons l'existence de l'espèce, et nous ne voyons point, quelle que soit la définition rationnelle qu'on puisse en trouver un jour, comment le cas dont nous parlons ne serait pas compris nécessairement dans cette définition. Eh bien, s'il s'agit d'individus hybrides capables de se propager par voie de générations successives sans que nous puissions apercevoir un terme prochain à cette propagation, à nos yeux ils constitueront une espèce dont l'origine ne remontera pas au père et à la mère d'espèces différentes qui ont produit le premier hybride, mais à ce premier hybride, parce qu'il est, en réalité, le premier type de la forme qu'affectent les individus hybrides qui en sont sortis.

Après ces considérations générales et critiques sur les hybrides, nous ferons remarquer que M. Sageret, en les étudiant, en cherchant à en augmenter le nombre, comme l'ont fait Duchesne, de Versailles, Knight, etc., en insistant sur l'utilité de cette étude pour donner plus de qualité aux

fruits de nos cultures, a fait preuve d'un esprit scientifique
d'autant plus étendu, que Van Mons, qui a passé la plus
grande partie de sa vie à atteindre ce même but, a méconnu
l'importance de l'hybridation et le parti qu'on peut en tirer
pour la science aussi bien que pour l'application. Rappelons que M. Sageret a obtenu des hybrides de diverses
espèces du genre pommier, remarquables par une extrême
vigueur, qui permet aux fruits de l'année de mûrir en même
temps que les boutons à fleurs se développent, de manière
à assurer une abondante récolte l'année suivante ; grâce à
cette vigueur, ils ne sont donc pas soumis à l'*alternance*,
c'est-à-dire que, après avoir produit une année, ils seront
une ou plusieurs années sans donner de fruits. Rappelons
encore que M. Sageret a obtenu des sous-hybrides de pommiers remarquables par l'abondance de leurs fruits.

Certes les amis de l'horticulture et de la science doivent
faire des vœux pour que désormais, dans les jardins de botanique ou de culture, dans les pépinières des départements, il
y ait des terrains consacrés à l'étude des hybrides. Espérons
que le muséum d'histoire naturelle obtiendra des chambres les terrains qui lui sont indispensables désormais, et
qu'alors il y en aura une portion exclusivement réservée à
l'étude des hybrides, de manière qu'il sera possible de suivre
ceux-ci dans leurs développements et les modifications qu'ils
peuvent recevoir du temps. Espérons enfin que l'histoire des
hybrides obtenus par M. Sageret y recevra le complément
que le temps peut lui donner, et que les travaux de notre
confrère auront un genre de publicité qui leur a manqué et
dont ils sont dignes sous tous les rapports.

§ 4.

CONSÉQUENCES DES FAITS EXPOSÉS PRÉCÉDEMMENT § 3, RELA-
TIVEMENT A LA QUESTION DE LA FIXITÉ DES ESPÈCES VÉGÉ-
TALES DANS LES CIRCONSTANCES ACTUELLES.

S'il existe des corps vivants qui éprouvent de profondes

modifications de la part du monde extérieur (§ 3) et qui les
conservent hors des circonstances où ils les ont acquises, on
a dû voir, par les détails dans lesquels nous sommes entré,
combien la plupart de ces corps ont de tendance à perdre leurs
modifications pour reprendre la forme la plus ancienne de
leurs espèces respectives, ou, ce qui est plus exact selon nos
définitions, la forme la plus stable que le corps vivant puisse
affecter dans les circonstances où il a perdu ses modifications.

Les hommes qui se sont le plus occupés d'expériences sur
les modifications des végétaux ont tous été frappés de la
réalité de cette grande stabilité, d'une certaine forme vers
laquelle oscillent sans cesse, dans leurs modifications, tous les
individus que nous rapportons à une même espèce. Ce fait
fondamental dans l'économie de la nature a donc fixé l'attention des observateurs praticiens sans cesse à portée de
mesurer la puissance en vertu de laquelle il existe par la
grandeur et la continuité même de leurs efforts pour sous-
traire à son empire les végétaux qu'ils veulent modifier.
Qu'est-ce qui a frappé M. Vilmorin dans sa longue carrière ?
Comme il nous l'a écrit, c'est cette puissance de la nature à
reprendre possession des individus auxquels la culture a
imposé de nouvelles formes ! M. Poiteau professe la même
opinion.

Van Mons a une foi si vive dans le principe de la stabilité des espèces, que les modifications imprimées par l'homme
aux végétaux cultivés n'atteignent pas, selon lui, jusqu'aux
individus qui peuvent être considérés comme les représen-
tants types de l'espèce ; car, dans son opinion, chacun des
groupes de plantes modifiées par la culture auxquels on donne
un nom, comme *beurré*, *bon-chrétien*, etc., par exemple, comprend des individus provenant d'un type qu'on rencontre dans la nature, et dont, à ses yeux, la fixité est telle,
qu'il le qualifie du titre de *sous-espèce*. Il assure avoir re-
trouvé, sur les coteaux sauvages des Ardennes, *toutes les
formes possibles des pommes et des poires cultivées en Belgique.*

Il ajoute que les pépins de ces arbres sauvages, semés là où leurs porte-graine sont indigènes, ne donnent naissance qu'à des individus identiques aux types de la nature sauvage. *Que faut-il donc pour modifier les individus issus de ces types? Il faut*, selon lui, *semer leurs graines en pays exotiques, et là où les circonstances sont différentes de celles de leur pays natal.* — Récolter les graines de la première génération pour les semer, récolter les graines de la seconde génération pour les semer aussi, et ainsi de suite ; au second semis, *la variation* ou la disposition organique à la modification est établie, et d'une manière si profonde, qu'elle ne peut plus, suivant Van Mons, être changée ; il suffit de plusieurs semis consécutifs pour en obtenir le résultat désirable, et ce résultat se complète dans le pays même dont le type est indigène. Mais les modifications qu'éprouveront des graines appartenant à la *sous-espèce* ou au *type* beurré ne constitueront que des variétés de beurré, comme les graines appartenant à la sous-espèce ou au type du *bon-chrétien* ne constitueront que des variétés de bon-chrétien.

Sans doute il est inutile au but que nous nous proposons d'examiner si les arbres fruitiers de la Belgique ont leurs types respectifs à l'état sauvage dans les Ardennes ; nous n'avons aucun motif de considérer comme une erreur ce qui pourrait être un cas particulier, mais nous devons nous expliquer sur la proposition par laquelle on affirmerait, en *principe*, que toutes les variétés cultivées douées d'assez de constance pour mériter le titre de *race*, tel que nous l'avons défini, remontent à des types doués de la fixité que nous attribuons à nos *sous-espèces*, lesquels types viennent se placer entre ces variétés cultivées et les espèces mêmes d'où ces types sont dérivés. Nous repoussons ce principe par la raison que, dans un grand nombre de cas, il n'y a évidemment aucun de ces types intermédiaires entre les races cultivées et les individus types de l'espèce : nous nous bornons à l'exemple de la carotte ; il n'y a pas d'intermédiaire entre les individus sauvages types de l'espèce et les races qu'on en obtient par la culture.

Nous ferons encore deux remarques sur ce qui nous paraît trop absolu dans les opinions de Van Mons.

Première remarque. — Si nous sommes des premiers à reconnaître la grande influence des causes qui agissent dans des lieux différents pour modifier les végétaux, d'après tout ce qui précède, nous ne pouvons admettre en principe, avec Van Mons, qu'une modification dans une plante n'est possible que là où elle est exotique, puisque nous avons reconnu 1° l'influence de l'organisation dans une graine ou son idiosyncrasie, organisation qui peut elle-même être modifiée par des circonstances particulières, soit naturelles, soit artificielles, dans lesquelles le porte-graine sera placé (*première période de la vie du végétal,* § III) ; 2° l'influence des causes capables d'agir différemment, suivant les temps ou suivant quelque circonstance particulière, dans un même lieu. Et rappelons, à ce sujet, l'influence d'un simple changement d'époque dans le semis, changement qui peut être le résultat de la volonté de l'homme tout aussi bien que le résultat de quelque accident naturel ; exemple : semis de la carotte sauvage fait en été (*deuxième période de la vie du végétal,* § III).

Deuxième remarque. — Van Mons, ayant admis, pour condition nécessaire des modifications des végétaux, que les graines soient semées dans un lieu étranger à leur origine, et considérant que la variation est établie dès le second semis dans ce lieu, ajoute *qu'elle ne saurait plus, par aucun moyen, être détournée de cette espèce* (du végétal modifié), *qu'elle augmente sans cesse par de nouveaux semis faits de père en fils,* etc. Ces paroles, à notre sens, ne sont point l'expression de la vérité. S'il existe des espèces peu disposées à être modifiées et des espèces disposées à l'être, il faut, parmi celles qui l'ont été, en reconnaître dont les individus tendent à retourner à leur première forme, lorsque les circonstances redeviennent ce qu'elles étaient avant qu'ils eussent subi leur modification, tandis que des individus appartenant à d'autres espèces paraissent conserver leurs modifications hors des circonstances qui les ont déterminées. Nous n'admettons pas non plus, en principe, que les modifications soient invariablement produites au second semis ; nous croyons généralement, au contraire, qu'elles s'établissent peu à peu, par voie de génér:.tions successives, dans certaines circonstances, et qu'elles s'arrêtent à un degré où une sorte d'équilibre est établie entre le monde extérieur et les forces organiques propres à l'espèce.

Certes, si les modifications des végétaux provenant de semis étaient si faciles et si profondes déjà dans les individus d'un second semis, on ne comprendrait pas comment Duhamel, MM. Alfroy fils, père et grand-père, de Lieusaint, n'auraient rien obtenu de bon de leurs semis d'arbres fruitiers ; on n'expliquerait pas comment M. Vilmorin, en semant des pepins des meilleures poires, n'a obtenu qu'un extrême petit nombre d'individus producteurs de bons fruits, la plupart ayant une tendance prononcée à rétrograder vers l'état sauvage. Ce sont de tels résultats qui motivent la remarque que nous avons faite précédemment sur la nécessité d'indiquer par les nombres la proportion des individus qui peuvent différer des autres, soit dans des semis de plantes cultivées, soit dans des semis de plantes sauvages ; en un mot dans tous les cas où il s'agit d'étudier les modifications des végétaux.

Les conséquences que nous venons de déduire des faits précédemment exposés sont limitées à ces faits, conformément à la méthode expérimentale ; il nous reste à examiner la question de l'effet du temps sur nos variétés d'arbres à fruit, dans les lieux mêmes où ils ont été modifiés, sous le double rapport

(a) de la persistance des modifications actuelles,

Et

(b) de la durée même des variétés qui les présentent, considérées comme corps vivants.

*(a). Persistance des modifications des variétés actuelles dans
les lieux où elles ont été produites.*

Si M. Sageret est d'accord avec Van Mons pour admettre que la disposition des plantes à s'éloigner de leurs
types naturels est d'autant plus prononcée qu'elles en sont
déjà plus loin cependant reconnaissons qu'il doit y avoir
une limite à la variation, et cette limite nous semble devoir
être plutôt atteinte que cela ne résulterait de la proposition
de M. Sageret et de Van Mons; mais, quoi qu'il en soit, ne
méconnaissons pas l'insuffisance de la science actuelle pour
poser cette limite et, à plus forte raison, pour savoir si les
graines des individus qui l'auraient atteinte donneraient
elles-mêmes naissance, par les semis qu'on en ferait dans
leur lieu natal, à des individus tous identiques à leurs ascendants, comme le pense M. Puvis, ou bien, dans le cas contraire, pour savoir la proportion des graines qui reproduiraient identiquement leurs ascendants relativement à celles
qui ne les reproduiraient pas, et combien ces dernières donneraient d'individus constituant de nouvelles variétés et d'individus qui rétrograderaient vers le type spécifique originel.

(b). Durée des variétés modifiées par la culture.

Si les faits actuels ne nous autorisent pas à admettre
l'extinction des espèces végétales non modifiées dans les circonstances où elles vivent aujourd'hui, nous avouons n'a-
voir pas les mêmes motifs pour attribuer une durée indéfinie
indistinctement à toutes les variétés de plantes créées par la
culture, soit que l'on considère chacun des individus de ces
variétés sous le rapport de sa longévité, soit que l'on considère la durée même de la variété dans l'ensemble des individus qui la composent. Nous concevons très-bien, en effet,
que les modifications qu'un arbre fruitier aura subies en

abrégeront la vie; nous concevons de telles modifications dans les individus qui composent une variété, qu'elles mettront un terme à l'existence de celle-ci : par exemple, les variétés dont les fruits ont été modifiées de manière à ne plus produire de semences ne peuvent se propager que par la division des individus; dès lors, si celle-ci cesse d'avoir lieu, la variété s'éteindra avec les individus qui existaient au moment où la propagation par graine de leurs semblables a cessé.

D'après ces considérations, sans critiquer absolument Van Mons d'avoir assigné un temps à l'existence de nos variétés cultivées et à celle des variétés qu'il a *améliorées* par des semis successifs, nous remarquerons seulement que la durée de deux ou trois siècles qu'il a accordée aux premières et celle d'un demi ou deux tiers de siècle qu'il a attribuée aux secondes sont tout à fait hypothétiques; aussi M. Puvis, tout en admettant le principe de l'extinction, en a-t-il beaucoup reculé le terme. En définitive, nous admettons la possibilité de l'extinction de variétés créées par la culture dans les circonstances actuelles, mais nous ne l'admettons point en principe pour toutes les variétés indistinctement, et abstraction faite des localités, ainsi qu'on le verra dans le paragraphe suivant (§ 5), où nous examinerons la durée, non plus des végétaux issus de graines, mais celle des végétaux provenus de la division d'un individu.

Voici comment nous résumerons notre manière de concevoir l'influence des circonstances pour modifier les plantes par voie de semis.

On sème des graines recueillies sur une plante étrangère à la localité du semis, ou, si cette plante n'y est pas étrangère, elle aura été soumise à des circonstances propres à en modifier les graines, soit dans leur organisation, soit dans leur développement.

On choisit parmi les individus du semis ceux qui paraissent le plus modifiés dans le sens des changements qu'on veut opérer; on recueille les graines pour les semer; il est bien entendu qu'on prépare le sol, qu'on agit sur les individus conformément aux pratiques horticoles les plus convenables au but qu'on se propose.

Les changements ne sont point indéfinis dans un même lieu et dans les circonstances actuelles ; on arrive, après un certain nombre de générations, à une forme stable pour des circonstances données.

Une variété produite dans un pays pourra s'améliorer, pour notre usage, dans un autre lieu, en vertu de circonstances analogues à celles du premier lieu, mais plus efficaces. Il y aura donc une chance favorable à tenter, si on transporte une variété indigène d'un pays dans un autre, où elle est exotique.

Mais cette variété pourra se modifier en sens différent de la modification qu'elle a reçue dans un premier lieu.

1° Elle retournera au type espèce et y persistera.

2° Elle se fixera à une modification du type différente de celle qu'elle représentait.

3° Elle retournera au type, puis, par voie de génération successive, elle prendra des modifications différentes de celle qu'elle avait primitivement reçue. Cet exemple existerait s'il était démontré que les fruits d'Europe, semés en Virginie, ont reproduit d'abord leur type sauvage, puis, par des semis successifs, ont présenté des modifications toutes différentes de celles qui ont été obtenues en Europe.

Ainsi supposons que le centre c représente le type d'une espèce, a la modification produite en Europe, eh bien, en Virginie, la plante modifiée correspondra à c, puis, par des générations successives, elle correspondra à des points b b' b''.

§ 5.

DE LA MULTIPLICATION DES PLANTES PAR LA DIVISION DES
INDIVIDUS, ET DE LA DÉGÉNÉRESCENCE ET DE L'EXTINCTION
DES PLANTES QUI EN PROVIENNENT.

Il importe, avant tout, de fixer le sens qu'on doit attacher
aux expressions de *perfectionnement* et de *dégénérescence* des
plantes et des animaux. Dans la langue ordinaire, la première expression signifie que des corps vivants ont acquis,
par des circonstances quelconques, plus d'aptitude à satisfaire aux besoins de l'homme qu'ils n'en avaient avant d'avoir
subi l'action de ces circonstances, et la seconde s'applique au
cas contraire : toutes les deux ne signifient donc pas nécessairement qu'une plante ou un animal dit perfectionné ou
dégénéré a gagné ou perdu sous le rapport de la vigueur, de
la longévité, de la faculté génératrice; car telle plante dite
perfectionnée par la culture, à cause de l'utilité dont elle est
pour l'homme, peut avoir perdu de sa longévité et même
jusqu'à la faculté de se reproduire de graine.

D'après cette explication, le sens vulgaire des deux expressions ne doit pas être confondu avec le sens qu'elles auraient dans le langage scientifique; car, évidemment, *perfectionnement* signifierait l'effet que présenteraient des corps
vivants qui, en partant de l'état sauvage, auraient gagné en
vigueur, en longévité, en faculté génératrice, relativement
aux individus de leur propre espèce restés à l'état sauvage,
et le mot *dégénérescence*, exprimant l'effet contraire, ne
pourrait jamais signifier le retour au dernier état d'un corps
vivant qui a été modifié par la culture ou la domesticité.

ARTICLE PREMIER.

De la multiplication des plantes par la division des individus.

L'influence de l'opération de la greffe sur les végétaux

qui en sont l'objet doit fixer notre attention, parce qu'on y a le plus fréquemment recours lorsqu'il s'agit de multiplier les variétés d'arbres par voie de la division de l'individu.

Si la greffe exige nécessairement une certaine analogie entre elle et le sujet pour réussir, cependant le succès n'est pas toujours en raison de la plus grande analogie : par exemple, certaines variétés de poirier réussissent mieux sur cognassier que sur franc, suivant la remarque de Duhamel.

L'opinion presque universellement répandue qu'une greffe produit plutôt du fruit que si elle fût restée sur l'individu dont elle a été détachée a été contestée depuis plusieurs années par des expériences comparatives faites par M. Van Mons ; aussi, dans les dernières années de sa vie, avait-il renoncé à prendre des greffes sur les individus de ses semis, pour connaître le plus tôt possible la qualité de leurs fruits. Quoi qu'il en soit, M. Sageret nous paraît avoir fait des remarques très-judicieuses à ce sujet lorsqu'il a cherché à expliquer l'influence que la greffe peut avoir dans plusieurs cas au moins, en débilitant ou en augmentant le nombre des bifurcations de la tige, et qu'il a avancé que des pratiques équivalentes à celles de la greffe auxquelles on soumettrait le sujet en amélioreraient la fructification.

Parlons maintenant de la greffe comme moyen de modifier les végétaux qui en sont l'objet.

L'influence du sujet sur la greffe est incontestable dans un grand nombre de cas trop connus pour les rappeler ; cependant nous en citerons un qui a été mentionné dans ces dernières années par M. Pépin.

On greffe, sur *bignonia radicans*, des bourgeons de *bignonia grandiflora* dont les uns ont été pris sur un sujet franc de pied et les autres sur un individu déjà greffé sur le *bignonia radicans*.

La *première greffe* reste *sarmenteuse*, le bois en est *brun*.

La *seconde greffe* devient *arbrisseau*, le bois en est *vert*.

Van Mons, dans ses greffes d'arbres fruitiers, observe la loi d'*hémœozygie*, car il greffe la variété qu'il veut conserver

sur un sujet appartenant au même type.—Mais, dans le cas
où il s'agirait de greffer dans la vue d'obtenir des modifications nouvelles, on doit procéder autrement et ne pas perdre
de vue une observation de Cabanis dont M. Sageret a apprécié toute l'importance, et qui, à cause de cela, devrait
être répétée : elle consiste en ce *que les graines provenant
d'un poirier greffé sur cognassier sont plus disposées à donner
des variétés que les graines recueillies sur un poirier franc de
pied;* enfin on doit encore tenir compte de l'opinion de Cabanis, d'après laquelle l'influence de la greffe se fait surtout
sentir sur les graines et sur leur postérité.

L'influence de la greffe sur le sujet, admise par quelques
auteurs, a été contestée par d'autres, et de Candolle a fait
une critique judicieuse de quelques observations citées en
sa faveur : quoi qu'il en soit, dans notre opinion cette influence ne nous semble point être impossible; mais il reste à
en démontrer la réalité.

On a avancé que la multiplication des individus par marcottes et par boutures tend à diminuer et même à abolir la
faculté de se reproduire de graine, dans les plantes qui en
sont l'objet, par la raison, dit-on, que cette multiplication
favorise, dans beaucoup de cas, le développement de certaines parties aux dépens de la graine, notamment la partie
succulente de plusieurs fruits, comme celles du bananier, de
l'ananas, etc. M. Duchesne, de Versailles, a combattu cette opinion, et M. Sageret, loin de l'admettre en principe, reconnaît que beaucoup de plantes venues de marcottes ou de
boutures fructifient plus tôt que les individus francs de pied
ou issus des graines des plantes mères de ces boutures. Ce
qui paraît certain, c'est que, en général, les individus propagés ainsi sont plus faibles que les individus venus de graines.

ARTICLE DEUXIÈME.

De la dégénérescence et de l'extinction des plantes obtenues par la division des individus.

Knight énonça, à la fin du dernier siècle, une opinion qui avait été déjà soutenue par plusieurs auteurs, notamment par son compatriote Marshall, savoir, que les plantes obtenues de greffes, de boutures, de tubercules ne peuvent vivre longtemps ; de sorte que, si ces greffes, ces boutures, ces tubercules représentent des variétés, ces variétés tendent à disparaître. Knight poussa son opinion au point de dire que la vie des individus ainsi reproduits ne pouvait dépasser celle de l'individu mère de la greffe, de la bouture, du tubercule. M. Puvis, en admettant que toutes nos variétés de plantes actuellement connues doivent mourir et qu'en conséquence il y a nécessité de recourir à la voie des semis pour les remplacer par de nouvelles, a, malgré cela, combattu l'exagération de l'opinion de Knight, en faisant remarquer que la variété du besi Chaumontel existe lorsque le type en paraît éteint depuis un grand nombre d'années, et que le saint-germain montre encore de la vigueur lorsque l'arbre qui l'a produit ne se rencontre plus depuis longtemps dans la forêt de ce nom.

Suivant M. Puvis, la mort d'une variété d'arbre à fruit est annoncée, non parce qu'elle tend à retourner au type sauvage ou qu'elle *dégénère*, comme on le dit vulgairement, mais parce que la plante a perdu sa vigueur ; les fruits en sont rares, rabougris et ligneux ; l'écorce, au lieu d'être nette et lisse, en est rugueuse, crevassée, couverte de mousse ou rongée par des chancres ; en un mot, cette plante est un corps vivant dont les fonctions s'affaiblissent pour ne plus se ranimer ; elle touche à la décrépitude, dont le terme est la mort.

M. Puvis, comme tous les hommes habitués au raisonnement, ne pouvait adopter cette opinion sans la transporter
aux espèces ; aussi n'y a-t-il pas manqué, et voici la succession de ses idées : « Ainsi donc se justifie par des faits nom-
« breux l'opinion déjà anciennement admise par un grand
« nombre, que la propagation des arbres par boutures, mar-
« cottes et drageons donne des individus successivement
« plus faibles et qui vont en dégénérant ; nous n'y ajoute-
« rons que sa conséquence naturelle , celle de l'extinction
« de la *variété* par des dégénérations successives..... »

Il ajoute : « Mais la même destinée qui frappe tous les
« individus matériels ne serait-elle pas aussi réservée aux
« espèces elles-mêmes ? » C'est ce qu'il cherche à démontrer..... ; il va même jusqu'à dire : « Nous arriverions peut-
« être à établir sur de grandes probabilités que l'espèce hu-
« maine subirait une pareille destinée ; qu'elle aurait déjà
« même passé l'âge d'exubérance, de force et de vigueur,
« qui produit les grands efforts et les grandes choses, l'âge
« des grandes passions qui font mouvoir les nations comme
« un seul homme : peut-être prouverions-nous que la puis-
« sance intellectuelle de l'esprit humain , soumise à toutes
« les chances de l'organisation physique de l'espèce, aurait
« maintenant moins d'étendue, moins de cette sève vigou-
« reuse, moins de ces moyens de création qui appartiennent
« plus spécialement à la jeunesse ; que nous serions arrivés
« à l'âge de la maturité où la force physique décroît....., à
« l'âge où l'organisation , déjà affaiblie , est capable de
« moindres efforts, etc., etc. »

Quoique M. Puvis admette l'influence du sol, de l'exposition et du climat sur les qualités des plantes, cependant c'est
à l'organisation, en définitive, qu'il rapporte la dégénérescence et l'extinction des végétaux, et par extension celles
des animaux.

Certes, si de nombreuses et fortes objections ne s'éle-
vaient pas contre cette manière de voir, ainsi que cela résulte des faits nombreux précédemment rappelés pour éta-

blir nos définitions de l'espèce, des variétés simples, des races et des sous-espèces, et pour démontrer la réalité du principe de l'immutabilité des espèces dans les circonstances actuelles, comment parviendrait-on à expliquer que les observateurs dont la vie a été consacrée à faire des semis, des croisements, à modifier les végétaux par tous les procédés de la culture, auraient professé l'opinion de la fixité des espèces végétales dans les conditions actuelles du monde extérieur où elles vivent ; que Van Mons aurait refusé à l'homme la faculté de créer des races ou des sous-espèces avec les individus représentant une espèce ; qu'il aurait restreint son influence à créer des variétés simples avec les individus représentant des races ou des sous-espèces ? comment comprendre que M. Sageret professerait le principe de la fixité des espèces, rejetterait l'opinion de Knight, et conseillerait comme une nécessité la conservation de nos vieux cepages, tout en reconnaissant cependant que les boutures et les marcottes tendent à affaiblir l'espèce dans les individus qui en proviennent, et que les greffes vivent moins longtemps que les arbres francs de pied ? comment concevoir l'opinion de M. Vilmorin sur la fixité des espèces, si l'on ignorait que, en cultivant des plantes potagères pour en maintenir les modifications, son attention a dû être sans cesse appliquée à trouver dans l'art horticole le moyen de combattre leur tendance à retourner au type sauvage ?

Lorsqu'on observe beaucoup de végétaux provenant de boutures et de marcottes, placés dans des conditions favorables à leur développement, on en verra assurément un certain nombre qui seront pleins de force et plus vigoureux que ne le sont les individus dont ils tirent leur origine : c'est une observation que nous avons faite sur un assez grand nombre d'arbrisseaux et d'arbustes d'une multiplication facile pour croire qu'un individu faible est capable de donner une marcotte, une bouture, un drageon qui, isolé du premier à une époque convenable et placé ensuite dans des conditions favorables, constituera, plus tard, un individu vigoureux. Cette opinion nous paraît d'autant mieux fondée qu'elle est parfaitement conforme aux observations suivantes, que nous empruntons à la *Pomologie physiologique*.

« J'ai vu, dit M. Sageret, de *vieilles graines* de giraumont, « *peu mûres et mal conformées*, lever et languir d'abord, *pré-* « *senter quelques panachures dans leur feuillage*, et reprendre « ensuite la vigueur ordinaire à leur espèce ; des graines « d'un melon assez médiocre, petites et peu mûres, me don- « nèrent, l'année suivante, des fruits beaucoup plus beaux « que leur générateur ; le petit cantaloup noir des carmes, « hâtif, mûri sous châssis en avril et ressemé, en mai de la « même année, en pleine terre, ne produisit, sur la fin de la « saison, que des fruits insipides, dont la graine, ressemée « sur couche l'année suivante, donna de très-beaux et très- « bons fruits. Ce même melon, qui sous châssis ne devient « pas très-gros, m'a fourni des graines qui, semées, l'année « suivante, en pleine terre, mais dans une belle année, pro- « duisirent des fruits très-bons et très-gros. »

En outre, M. Loiseleur-Deslongchamps a observé que de petits grains de froment convenablement semés et cultivés pouvaient reproduire des grains d'excellente qualité.

A notre sens, ces faits sont remarquables, parce qu'ils montrent que des individus provenus de graines vieilles et de mauvaise apparence, après avoir été faibles, comme l'attestait la panachure de leurs feuilles, sont devenus forts ; ils prouvent encore que des graines de mauvais fruits donnent quelquefois des individus qui en produisent de très-bons : ils ne sont donc nullement favorables à l'opinion d'après laquelle on admet une dégénérescence et une extinction qui frapperaient d'abord les plantes obtenues par la division de l'individu, ensuite les variétés que ces plantes représentent, et enfin les espèces mêmes auxquelles elles se rapportent.

M. Poiteau, qui, comme nous l'avons déjà fait remarquer, croit à la fixité des espèces, n'admet point la dégénéres-cence de leurs variétés propagée par la greffe, lorsqu'on a eu la précaution de prendre celle-ci sur des individus vigou-

reux ; enfin une autorité bien compétente en cette matière
est encore celle de M. Reynier, d'Avignon, qui depuis longtemps professe ces opinions.

Si les passages empruntés à la première partie de l'opus-
cule de M. Puvis sont explicites en faveur de l'opinion que
nous combattons, nous trouverons dans la deuxième partie
du même ouvrage, qui est consacrée à la production des variétés nouvelles par la voie du semis et des croisements, des
opinions qui sont loin de l'appuyer, témoin le dernier alinéa,
ainsi conçu :

« Dans toutes les familles de plantes que l'homme cultive,
« il pourra donc presque toujours *arriver à trouver mieux*
« *qu'il ne possède*. La nature est infinie dans ses ressources,
« dans ses combinaisons , et elle récompense toujours
« l'homme qui l'étudie avec soin , avec persévérance et
« avec jugement. Ce qui distingue particulièrement l'homme
« des autres espèces qui habitent le globe , c'est *qu'il est*
« *perfectible*, c'est qu'il *peut s'améliorer lui-même et améliorer*
« *tout ce qui le touche*. L'Être suprême lui a donné une es-
« pèce d'empire sur une nature perfectible elle-même. »

Or, comment l'homme peut-il arriver *à trouver mieux*
qu'il ne possède, lorsque précédemment M. Puvis a dit que
non-seulement les plantes propagées par la division, mais les
variétés, mais les espèces même meurent décrépites? comment concevoir que, plus elles sont âgées, plus elles appro-
chent de la décrépitude, et plus leurs graines sont disposées
à produire des variétés perfectionnées? enfin comment concevoir que *l'homme est perfectible* avec le passage précédemment cité, où il est dit que *l'espèce humaine a déjà même
passé l'âge d'exubérance, de force et de vigueur...; que peut-
être prouverions-nous que la puissance intellectuelle de l'esprit
humain, soumise à toutes les chances de l'organisation physique, aurait maintenant moins d'étendue, moins de cette sève
vigoureuse... ; que nous serions arrivés à l'âge de la maturité
où la force physique décroît... , à l'âge où l'organisation, déjà
affaiblie ?...* Certes il est difficile de concilier ensemble les

opinions du même auteur que nous venons de citer textuellement.

En définitive,

1° Les faits les plus précis et les mieux constatés ne prouvent point la dégénérescence ou l'extinction des végétaux propagés par la division des individus.

2° S'il est vrai que plusieurs variétés de plantes cultivées n'existent plus, il n'est pas démontré que leur disparition tienne à leur organisation, comme le pensent Knight et Puvis ; il nous paraît beaucoup plus probable de l'attribuer à des causes accidentelles, sinon pour toutes celles qui ont disparu, du moins pour un certain nombre.

§ 6.

CONSÉQUENCES DES FAITS PRÉCÉDENTS POUR LA COORDINATION DES CONNAISSANCES RELATIVES AUX CEPAGES.

Si, en tenant compte des considérations précédentes, on cherche à coordonner les connaissances qui composent l'histoire naturelle des cepages, il sera facile de déterminer les lacunes qui mettent obstacle à l'accomplissement de ce travail et de reconnaître la nature des faits que la science doit demander à l'expérience ; l'examen des moyens propres à la recherche de ces faits établira les rapports de la théorie avec la pratique, en démontrant la nécessité de leur concours pour connaître la vérité. En même temps que nous signalerons de nouveau l'étendue des services rendus par le comte Odart à l'ampélographie, nous appellerons son attention et celle de ses successeurs sur les recherches nécessaires encore pour élever cette branche des connaissances horticoles au degré de précision qu'elle peut atteindre.

Dans l'état actuel des choses, pouvons-nous appliquer à

7

l'espèce *vitis vinifera* de Linné une des cinq distinctions que nous avons faites précédemment?

Nous répondrions affirmativement si tous les botanistes admettaient, avec M. Loiseleur-Deslongchamps, que la vigne sauvage, qui croît encore dans les haies et les bois de plusieurs départements de la France, est la souche de toutes les variétés de vignes cultivées en Europe, soit comme raisin à vin, soit comme raisin de table; le *vitis vinifera* prendrait la lettre *gamma*, si on admettait que le type a les fruits noirs et que la vigne sauvage à fruits blancs n'en est qu'une variété ou bien l'inverse; si, au contraire, on laisse cette question indécise, l'espèce prendrait la lettre *delta*.

Malheureusement les botanistes et les horticulteurs n'adoptent pas unanimement l'opinion de M. Loiseleur-Deslongchamps : suivant M. Michaux, il est probable que nos vignes cultivées tirent leur origine de dix ou douze espèces distinctes et indigènes de l'Arménie, de la Caramanie, de la Géorgie asiatique et des provinces septentrionales de la Perse. L'opinion de M. Sageret serait, en quelque sorte, moyenne entre les deux premières : il pencherait à croire que le *vitis vinifera* à petits fruits noirs, qui croît dans les haies et sur la lisière des bois du Gatinais, *pourrait être* la souche de nos vignes communes, tandis que nos variétés les plus perfectionnées auraient été très-anciennement importées en France; et peut-être, ajoute-t-il, depuis ce temps y a-t-il eu mélange entre elles, de sorte qu'il y aurait des hybrides ou au moins des sous-hybrides.

Dans cet état d'incertitude, et avec la conviction de notre incompétence pour prononcer entre M. Loiseleur-Deslongchamps et les botanistes et les horticulteurs qui ne partagent pas son opinion, nous marquerons l'espèce, ou les espèces auxquelles on rapporte les vignes cultivées, de la lettre *oméga*, dans l'intention d'exprimer l'incertitude de nos connaissances relativement à la subordination des individus qui composent les différents groupes de vignes.

Quoi qu'il en soit de l'incertitude de nos connaissances

sur l'origine de nos vignes cultivées, nous allons rapporter quelques faits relatifs à la propagation de plusieurs de leurs variétés, par semis et par la division de l'individu, afin de rattacher les conséquences qu'on peut tirer de ces faits aux considérations générales exposées précédemment (§ 3, § 4 et § 5).

ARTICLE PREMIER.

Variétés de vignes reproduites de semis.

S'il existe des variétés de vignes capables de se reproduire par semis, on ne peut douter qu'il n'y en ait un certain nombre dans le cas contraire, d'après les faits suivants que nous choisissons comme exemples.

M. Sageret a obtenu d'un pepin de chasselas un individu qui, au bout de sept ans, a donné un fruit identique à celui de son ascendant.

Il existe une vigne que Linnæus considère comme une espèce particulière, sous le nom de *vitis laciniosa*, tandis qu'elle n'est qu'une simple variété du *vitis vinifera* pour M. Loiseleur-Deslongchamps. Cette vigne, appelée *cioutat*, *ciotat* ou *raisin d'Autriche*, se reproduit de semis; car MM. Turpin et Poiteau rapportent, dans leur grand *Traité des arbres fruitiers*, que des pepins de cioutat, semés, à Versailles, dans le potager du roi, en 1807, donnèrent des individus qui, au bout de quatre ans, produisirent des raisins identiques à ceux de la plante mère.

Il n'est donc pas douteux, d'après ces faits, qu'il y ait des *variétés de vignes assez fixes* pour se propager de graines et pour qu'on soit fondé à les considérer comme des variétés bien caractérisées et même comme des races, du moins dans les localités où elles se propagent ainsi d'une manière constante. Si on venait à reconnaître l'existence de races qui se maintiendraient dans toutes les localités où la vigne peut croître, on devrait les considérer comme autant de *sous-espèces*, en supposant, bien entendu, qu'elles ne fussent pas des hybrides ou des espèces distinctes.

Comme fait propre à démontrer que toute variété ne se reproduit pas constamment identique dans tous les pays ou dans toutes les circonstances indistinctement, nous citerons une variété de raisin noir de Hongrie dont les pepins, semés à la Dorée, ont produit des individus à fruits blancs. M. Jacques a pareillement obtenu d'un pepin de raisin noir de la Madeleine une vigne à raisins blancs.

Si nous reconnaissons, avec le comte Odart, que la manière la plus économique, la plus prompte, la plus sûre est de recourir aux boutures de variétés qu'on sait être convenables aux lieux dans lesquels on veut établir un vignoble, cependant, loin de vouloir prévenir les horticulteurs contre les semis de la vigne, nous les engageons, au contraire, à s'y livrer s'ils en ont la possibilité; c'est le meilleur moyen, pour l'observateur sédentaire, de trouver des variétés nouvelles perfectionnées et peut-être douées de qualités précieuses dont les anciennes sont dépourvues, comme, au point de vue de la science, c'est le seul moyen propre à fixer nos connaissances sur les types des variétés, des races et des sous-espèces de nos vignes cultivées.

Au reste, le comte Odart reconnaît la puissance des semis, lorsqu'il assigne à ce genre de multiplication (*Ampélographie*, p. 149) l'origine *de plusieurs variétés du petit gamay*, qui, dit il, *lui sont encore supérieures.* Quelques variétés remarquables par la précocité de leurs fruits, obtenues de semis faits à Angers par M. Vibert, témoignent encore des avantages dont peuvent être, pour l'application, des recherches que nous voudrions voir plus encouragées, afin qu'on les multipliât; d'un autre côté, comme elles seules mettront un terme aux nombreuses incertitudes dont nous avons parlé et pourront combler des lacunes qui interrompent en tant d'endroits l'histoire naturelle des vignes, on voit comment la pratique, qui n'est que l'expérience, et l'esprit d'observation

qui doit la diriger en s'aidant de la science, sans cesse occu-
pée à coordonner les connaissances acquises, feront con-
verger leurs efforts pour atteindre ce but; car la possibilité
de déterminer s'il n'y a qu'une espèce ou plusieurs espèces de
vignes, souches de celles que nous cultivons, une fois admise, c'est au moyen des semis qu'on parviendra à résoudre la
question; c'est encore en y recourant qu'il sera possible de
définir d'une manière certaine les vignes cultivées en *variétés
simples*, en *races* et en *sous-espèces*, et les conséquences de
ces déterminations seront certainement de reconnaître comment des types naturels ont été modifiés par le monde extérieur et la culture. Sans doute ceux qui se livreront à de
pareils travaux reconnaîtront les services rendus par le comte
Odart à l'ampélographie, non-seulement par la création de
la collection de cepages de la Dorée, mais par l'excellent
esprit qu'il a eu de n'assigner de types à ses groupes (*familles
ou tribus*) qu'autant qu'il a eu quelque raison de le faire
d'après sa propre expérience, et enfin parce que, dans les
questions auxquelles se rattachent plusieurs points de l'ampélographie, il a adopté les opinions qui, à notre sens, sont
les plus conformes à la vérité.

ARTICLE DEUXIÈME.

*Connaissances relatives à la propagation de la vigne par la
division de l'individu.*

Si, avant d'examiner les différents cepages sous le rapport
de la stabilité de leurs caractères spécifiques dans les pays
divers où on les a propagés, non de semis, mais de marcotte
ou de bouture, nous consultons les auteurs qui les ont envisagés à ce point de vue, nous verrons que les uns croient à
leur mutabilité avec Dussieux, Parmentier, Chaptal, Lenoir
et Bosc; car, disent-ils, transportez des cepages de diverses
variétés d'un lieu où ils se développent bien dans un autre

auquel ils sont étrangers, et bientôt leurs caractères spécifiques disparaîtront pour prendre ceux qui sont propres aux cépages du pays dans lequel on les a transplantés. Mais cette opinion est loin d'être unanime, car les auteurs auxquels nous devons le plus d'observations directes sur la vigne pensent avec raison que, si certains cépages perdent leurs caractères dans un pays, il en est un grand nombre d'autres qui, étrangers à ce pays, y conservent les leurs, du moins pendant un temps qui a suffi pour changer les premiers. Cette manière de voir, tout à fait conforme aux considérations générales, est celle du comte Odart, et certes l'opinion d'un aussi bon observateur est un puissant argument en sa faveur.

Un assez grand nombre de variétés étrangères à la Touraine s'y maintiennent plus ou moins parfaitement, d'après les observations du comte Odart : tels sont le carbenet, originaire du Médoc; le mataro, la claverie; le quillard blanc, originaire des Pyrénées ; le liverdun de la Moselle, le sar-féjar de Hongrie ; le chasselas de Fontainebleau, qui conserve très-bien ses qualités, à la Dorée, dans une terre aride.

Nous rappellerons la remarque faite dans notre premier article, que le côt ou auxerrois donne un produit à peu près identique sur les coteaux du Cher et sur les bords du Lot.

Le *pinot gris* (malvoisie, fromenteau, auxerrois, rothklercher, baratzin-szollo) affecte les mêmes caractères dans des pays très-différents; ainsi le comte Odart en a reçu des individus non-seulement de départements très-éloignés, mais encore de l'Italie, de l'Allemagne et même de l'Angleterre, et tous étaient semblables.

Le *teinturier* ou *gros noir* est encore dans le même cas.

La sirrah (petite), qui compose la plus grande partie du vignoble de l'Hermitage, dans le département de la Drôme, s'est parfaitement maintenue dans la Touraine et dans le département de Vaucluse, où elle donne des vins supérieurs à ceux des plants indigènes, ainsi que M. Reynier l'a constaté.

Ces faits sont donc conformes à ceux dont nous avons parlé en traitant de la propagation de certaines variétés de vignes par la voie des semis.

Il existe des variétés qui ne se maintiennent pas non-seulement dans des pays éloignés, mais dans une même contrée où il existe une grande variété de sols. Le comte Odart cite comme un exemple bien remarquable de ce fait le carbenet cultivé dans l'arrondissement de Chinon : est-il planté dans un sol calcaire, il produit d'excellents raisins dont le vin est d'une qualité tout à fait supérieure; est-il dans un sol graveleux un peu gras, le vin de ses raisins est riche en couleur et de bonne garde; est-il dans des sables maigres qui bordent une rivière, ses raisins produisent un vin léger, froid et de peu de garde; enfin est-il dans une terre peu épaisse et blanchie par le tuf du sous-sol, ses raisins donnent un vin froid, plat et sans couleur.

Les conclusions auxquelles l'observation des faits relatifs à la propagation des variétés de la vigne, aussi bien par la voie du semis que par la division des individus, sont donc les mêmes que celles que nous avons déduites précédemment de la propagation des végétaux en général par ces deux moyens. Cette concordance, tout à fait conforme avec les définitions que nous avons données de l'espèce, de la sous-espèce, de la race et de la simple variété, considérées dans les corps vivants, nous permet de résumer les faits précédemment exposés dans les termes suivants.

RÉSUMÉ.

Les propositions générales et les définitions énoncées dans cet écrit sont subordonnées à la méthode expérimentale, telle que nous la concevons. L'observation recueille des faits; elle les soumet à une analyse mentale, afin de les simplifier autant que possible et de les ramener à leurs causes immédiates; puis, pour vérifier la certitude ou le degré de probabilité des raisonnements, l'esprit soumet chacun d'eux au contrôle de l'expérience : celle-ci est donc, en définitive, la mesure dont l'esprit se sert pour savoir si les effets ou phénomènes observés dépendent réellement de la cause prochaine ou immédiate à laquelle il les a rattachés. On juge le but atteint lorsqu'on arrive à avoir la certitude que l'effet est proportionné à l'intensité de la cause ou de la force à laquelle ou l'attribue, parce qu'il est possible d'établir numériquement ce rapport. C'est conformément à cette manière de voir que nous n'admettons pas de sciences de pure observation et de raisonnement, mais des sciences d'observation, de raisonnement et d'expérience, parce que, là où l'expérience n'est pas appliquée, il n'y a que des conjectures ou au plus des inductions (1).

---

(1) S'il était nécessaire de justifier notre prédilection pour la méthode expérimentale telle que nous venons de la définir et de l'appliquer à l'histoire naturelle, il nous suffirait de citer l'histoire des espèces du genre méduses, telle que l'ont faite les recherches dont la science est redevable, d'abord à MM. Sars, Siebold, et ensuite à Van Beneden et à M. J. Dujardin.

Une méduse femelle pond des *œufs* qui sont fécondés par une méduse mâle dans des circonstances encore inconnues.

Ces œufs donnent naissance à des *larves* à cils vibratiles qu'on n'aurait pas manqué de considérer comme des infusoires si on les eût étudiés isolément.

Ces larves se changent en *polypes hydraires* qui, suivant les espèces de méduses,

se divisent par *segments*	ou bien	produisent (*a*) par *gemmation* d'autres polypes hydraires qui restent agrégés ensemble. (*b*) par *bulbilles* qui se séparent du polype et produisent des polypes agrégés semblables aux précédents.
Ces segments deviennent des méduses.		Ces polypes agrégés deviennent des méduses.

Avant les travaux que nous venons de citer, les larves des méduses.

Notre définition de l'espèce est subordonnée à deux faits généraux, la plus grande similitude possible de la forme organique entre les êtres qu'elle comprend, et la transmission de cette forme des ascendants à leurs descendants.

Nous n'avons point envisagé cette transmission comme absolue, mais comme relative aux circonstances dans lesquelles les individus vivent : ne pouvant connaître que les effets des causes du monde actuel, nous avons admis la persistance de la nature essentielle des espèces au moins depuis les dernières révolutions du globe ; c'est donc à partir de cette époque que, conformément aux connaissances actuelles, nous avons professé le principe de l'*immutabilité des espèces* sans rien conjecturer sur leur existence ou leur non-existence, dans les temps antérieurs à cette époque, et sans rien préjuger sur ce qu'elles pourront devenir un jour.

Nous attachons une grande importance à la subordination des différents groupes d'individus distingués en simples variétés, en races et en sous-espèces. Si nous n'avons pas eu la prétention de donner des moyens nouveaux de circonscrire ces groupes, nous croyons cependant que la manière dont nous les avons envisagés et définis ajoutera une nouvelle précision à leur établissement, et que le naturaliste qui cherchera à subordonner entre eux les individus d'une es-

---

leurs polypes hydraires, et enfin les méduses à l'état parfait, appartenaient, dans le règne animal de Cuvier, aux trois dernières classes des zoophytes, savoir :

Les larves, à la cinquième classe, celle des *infusoires* ;

Les polypiers hydraires, à la quatrième, celle des polypiers ;

Enfin les *méduses* à l'état parfait, à la troisième classe, celle des acaléphes.

Comme nous l'avons dit (deuxième partie de ce rapport), ce n'est que par l'expérience, en définitive, que l'on acquiert la certitude de la transmission d'une forme des ascendants aux descendants, et dès lors la certitude de la définition de l'espèce pour chaque cas particulier. Certes, sans l'expérience ou l'observation quand elle y est équivalente, on n'aurait pas deviné qu'un animal peut se propager à la manière d'un végétal par *division de l'individu* qui n'est point à l'état parfait, et enfin par *voie de génération* lorsqu'il est parvenu à cet état.

pèce donnée conformément aux cinq distinctions que nous
avons faites sera conduit, par les questions qu'elles provo-
queront, à approfondir plusieurs points de l'étude de cette
espèce qu'il aurait pu négliger sans cela, en même temps
que la description des espèces de plantes et d'animaux qu'il
présentera avec les caractéristiques *alpha, béta, gamma, delta,
epsilon,* ou avec *oméga,* ou sans caractéristique, aura un
degré de précision dont elle a manqué jusqu'ici.

En considérant les plantes utiles sous le point de vue de
leur persistance à conserver les caractères essentiels à leurs
espèces respectives, et sous celui de leur tendance à éprouver
des modifications par un changement dans les circonstances
où elles sont placées, il a suffi, pour interpréter ce double fait,
comme il nous paraît devoir l'être, de rappeler les considérations et les définitions énoncées antérieurement, parce qu'en
effet l'étude des variations survenues dans des individus
d'une espèce a fourni elle-même des arguments en faveur
de la manière dont nous avons défini l'espèce, considérée en
général par rapport à l'organisation des individus qu'elle
comprend et des circonstances où ils sont placés.

Telle est donc la conclusion à laquelle nous sommes arrivé
en passant en revue les variations dont les plantes sont susceptibles dans les trois cas généraux de leur propagation,
1° par *les semis ;* 2° par *l'hybridation ;* 3° par *la division de
l'individu.*

1° *Par les semis.* Les modifications qui peuvent être produites par cette voie ont lieu pendant la formation des graines
et pendant le développement des individus issus de ces graines ; les modifications proviennent de l'organisation et des
causes du monde extérieur ; ces causes sont essentielles et
diffèrent conséquemment des pratiques horticoles qui peuvent concourir avec elles comme causes occasionnelles.

2° *Par l'hybridation.* L'examen de ses produits, loin d'être
favorable au principe de l'immutabilité, nous a présenté des
faits conformes au principe contraire en nous montrant des
hybrides qui se défont ou se dégagent à la manière de deux

individus que l'on dirait soudés plutôt que fondus ensemble.

3° *Par la division de l'individu.* S'il est vrai que les plantes
propagées par la division d'un individu conservent la ressemblance de cet individu, et s'il est vrai de dire qu'on ne
recourt jamais à ce mode de propagation comme on recourt
au semis pour obtenir des variétés, cependant il faut reconnaître que l'individu, séparé d'un autre, pourra éprouver
des modifications de la part du monde extérieur. Sans cela
on serait dans l'impuissance d'expliquer les changements
produits dans des vignes propagées par boutures, les changements qu'une greffe présentera dans un pays très-différent
de celui où végétait la plante mère; et si l'on admet que cette
greffe reportée dans son pays natal reprendra ses caractères
primitifs, cependant nous ne voudrions pas poser cette manière de voir en principe absolu, et indépendamment du
temps où les causes modificatrices du monde extérieur sont
capables d'agir, par la raison que nous ne pouvons nous re-
fuser à admettre que des changements survenus dans un
corps organisé peuvent se maintenir, du moins pendant un
certain temps, dans des circonstances différentes de celles où
ils ont eu lieu.

Si l'opinion de Knight sur le terme de la vie des plantes
propagées par la division de l'individu n'est point, au fond,
imcompatible avec le principe de l'immutabilité des espèces,
lors même qu'on admet que les plantes vivent plus longtemps que l'individu d'où elles viennent, cependant **M.** Puvis a donné un tel développement à cette manière de voir,
qu'il a compromis le principe de l'immutabilité des espèces
dans les circonstances du monde actuel.

C'est en partie pour discuter cette opinion et développer
nos idées, relativement à l'étude de l'influence du monde
extérieur sur les corps vivants, que nous avons saisi l'occasion qui nous a été présentée d'examiner l'ampélographie
du comte Odart et d'y rattacher, par suite de la manière

dont nous avons envisagé la généralité du sujet, les recherches de M. Sageret et l'ouvrage de M. Puvis.

En remontant à la source des faits que nous avons mis en œuvre, on se convaincra que le plus grand nombre de ceux qui concernent les végétaux ont été donnés à la science par l'horticulture. Cette branche des connaissances agricoles doit donc arrêter notre attention, si nous voulons apprécier les services qu'elle rendra par ceux qu'elle a déjà rendus.

Le domaine de l'horticulture est indéfini, puisqu'il comprend les arbres fruitiers, les plantes potagères, toutes les plantes d'agrément susceptibles de vivre dans nos jardins ou dans des serres ; il est donc incomparable, pour le nombre des espèces et de leurs variétés, au domaine de l'agriculture, qui, dans un pays donné, n'en comprend qu'un nombre excessivement restreint.

Le but de l'horticulture étant non-seulement d'assurer la vie et de multiplier les individus de toutes les plantes de son domaine, mais encore d'obtenir autant de modifications de ces individus qu'il est possible, elle a recours à des moyens, à des procédés bien plus nombreux et bien plus diversifiés que ne le sont les pratiques agricoles ; aussi fait-elle varier la température des milieux, l'humidité d'atmosphères limitées où certaines plantes sont placées, compose-t-elle des engrais et des sols de toutes sortes nécessaires à la fin qu'elle se propose. Continuellement elle fournit des occasions d'observer des faits qui, sans elle, ne se seraient pas présentés ; elle suscite une foule d'expériences dont le but final est la connaissance intime de l'histoire des plantes qui sont l'objet de ses travaux. Puisqu'en définitive elle comprend les procédés employés pour propager les plantes et pour les modifier de toutes les manières imaginables, on conçoit l'importance dont elle est au point de vue des études physiologiques aussi bien qu'à celui des études agricoles, et la moindre réflexion la montre comme le chaînon nécessaire qui rattache la science du naturaliste à celle de l'agriculteur, et pour justifier l'importance que vous lui avez accordée en lui consacrant une section spéciale dans la Société royale et centrale d'agriculture.

ERRATUM.

Page 40, ligne 6, *il serait*, lisez *il se serait*.

Extrait des *Mémoires de la Société royale et centrale d'agriculture*. — ANNÉE 1846.

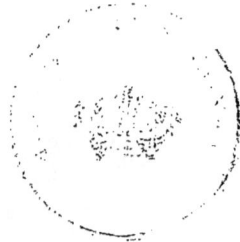

www.ingramcontent.com/pod-product-compliance
Lightning Source LLC
Chambersburg PA
CBHW071202200326
41519CB00018B/5338